4. COLLOQUIUM DER
GESELLSCHAFT FÜR PHYSIOLOGISCHE CHEMIE
AM 17./18. APRIL 1953 IN MOSBACH/BADEN

# BIOLOGIE UND WIRKUNG DER FERMENTE

MIT 32 TEXTABBILDUNGEN UND 1 TAFEL

Springer-Verlag Berlin Heidelberg GmbH

1953

ISBN 978-3-540-01683-0     ISBN 978-3-642-85780-5 (eBook)
DOI 10.1007/978-3-642-85780-5

BRÜHLSCHE UNIVERSITÄTSDRUCKEREI GIESSEN

# OTTO WARBURG

ZU SEINEM 70. GEBURTSTAG
VON DER
GESELLSCHAFT FÜR PHYSIOLOGISCHE CHEMIE
GEWIDMET

# Inhalt.

# Begrüßung und Eröffnung.

Meine Damen und Herren! Im Namen unserer Gesellschaft heiße ich Sie herzlich willkommen. Wir versammeln uns in dieser kleinen alten Stadt nun zum vierten Male. Mosbach gehört zu den Städten, in denen man gleich von Anfang an zu Hause ist. Wir sind dem Herrn Bürgermeister und seinem Magistrat sehr dankbar, daß er uns regelmäßig diesen alten ehrwürdigen Bürgersaal hier zur Verfügung stellt und immer dafür sorgt, daß wir uns bei ihm wohlfühlen.

Unsere Colloquien sollen helfen, uns über wichtige Fragen Klarheit zu verschaffen. Das heutige Colloquium ist den Fermenten gewidmet, weil in den letzten Jahren über sie so viel Neues bekannt geworden ist, daß es dringend notwendig erscheint, einen gesamten und geschlossenen Überblick zu gewinnen. Herr Privatdozent Dr. Bücher hat mir bei der Auswahl des Stoffes und der Referenten in sehr liebenswürdiger Weise geholfen, wofür ich ihm vielmals danken möchte. Ich danke aber auch den Herren Referenten, die aus England, Frankreich, Schweden und Deutschland hierher gekommen sind.

Die Fermente sind die beherrschenden Faktoren im intermediären Stoffwechsel. Mit ihnen muß man sich beschäftigen, wenn man etwas über die Ordnung und das Zusammenspiel der verschiedenen Prozesse und ihre automatische Steuerung erfahren will. Sie beherrschen aber nicht nur den intermediären Stoffwechsel, sondern tauchen auch selbst gleichsam in ihm unter; denn sie werden nicht nur gebildet, um von der Zelle als Werkzeug benützt zu werden, sondern sie werden auch wie viele andere biologisch wirksame Stoffe stetig auf- und wieder abgebaut. Die Biologie der Fermente spielt also zweifellos eine wichtige Rolle, und es freut mich, zuerst Herrn Lang aus Mainz das Wort zu seinem Vortrag über die Biologie der Fermente erteilen zu können.

K. Felix

# Die Biologie der Enzyme.

Von

KONRAD LANG.

*Aus dem Physiologisch-Chemischen Institut der
Johannes Gutenberg-Universität Mainz.*

Mit 2 Textabbildungen.

Man pflegt die Fermente als Biokatalysatoren zu definieren, also als Katalysatoren, die von der lebenden Zelle erzeugt werden und in einem lebenden Organismus intracellulär oder extracellulär zur Wirkung gelangen. Eingeschlossen in diese Definition ist damit die Feststellung, daß die Fermente nicht nur aktiv in den Stoffwechsel eingreifen, sondern auch selber Objekte des Stoffwechsels sind. Gemessen an der überaus großen Literatur über die Enzymwirkung ist die Zahl der Arbeiten, die sich mit den Fermenten als Objekt des Zellstoffwechsels beschäftigen, sehr klein. Notgedrungen kann daher vieles, was in diesem Referat angeschnitten wird, mehr oder minder nur hypothetisch und stark subjektiv gefärbt sein. In dem vorliegenden Referat sollen die folgenden Punkte diskutiert werden:

1. Der Enzymgehalt der Zelle,
2. die Biosynthese der Enzyme,
3. der Stoffwechsel der Enzyme.

Konkrete Angaben über den gesamten Enzymbestand einer Zelle lassen sich heute noch nicht machen. Außer in den wenigen Fällen, in denen Enzyme aus Zellen isoliert und in reiner kristallisierter Form dargestellt worden sind, sind wir auf mehr oder minder grobe Schätzungen angewiesen. Denn nur bei den isolierten Enzymen können wir aus den Ausbeuten oder aus den unter Standardbedingungen gemessenen Fermentaktivitäten den tatsächlichen Gehalt der Zelle an diesen Fermenten berechnen. Bei einer Diskussion über den gesamten Enzymgehalt von Zellen müssen zwei Fälle auseinander gehalten werden:

1. Diejenigen Zellen, welche die Aufgabe haben, nicht nur für den eigenen Bedarf, sondern auch noch für andere Zwecke Enzyme zu bilden. In ihnen finden wir nicht nur die eigenen, sondern auch Sekretionsenzyme. Dies ist bei den Drüsen des Verdauungstraktes der Fall (z. B. Speicheldrüsen, Magenschleimhaut, Darmschleimhaut, Pankreas).

2. Diejenigen Zellen, welche nur Enzyme zum eigenen Gebrauch synthetisieren.

Da viele Verdauungsenzyme schon in reiner kristallisierter Form gewonnen worden sind, läßt sich der Gehalt der Verdauungsdrüsen an Sekretionsenzymen in manchen Fällen mit einer befriedigenden Genauigkeit berechnen. Wie die Tab. 1 zeigt,

Tabelle 1. *Gehalt des Pankreas an Verdauungsenzymen.*

| Enzyme | Prozente der fettfreien Trokkensubstanz | Prozente des Frischgewichtes* |
|---|---|---|
| Trypsin . . . . . . . . . . . | 5,0 | 0,65 |
| Chymotrypsin . . . . . . . . | 5,0 | 0,65 |
| Carboxypeptidase . . . . . . . | 2,0 | 0,26 |
| Ribonuclease . . . . . . . . . | 0,2 | 0,03 |
| Desoxyribonuclease . . . . . . | 0,004 | 0,0005 |
| Amylase . . . . . . . . . . . | 5,0 | 0.65 |
| Lipase (geschätzt) . . . . . . | 2,5 | 0,33 |
| Summe der Enzyme . . . . . | 19,7 | 2,57 |

* Der Berechnung ist zugrunde gelegt, daß das Pankreas 12% Fett und 75% Wasser enthält.

enthält das Pankreas etwa 20% Sekretionsenzyme, berechnet auf die fettfreie Trockensubstanz. Das sind rund 25% des Eiweißbestandes der Pankreaszelle.

Über den Eigenenzymgehalt der Körperzellen lassen sich heute nur spekulative Angaben machen. Bekanntlich sind in den letzten Jahren einige Enzyme der Glykolyse und des Citronensäurecyclus isoliert und kristallisiert erhalten worden (Tab. 2). Nimmt man zur Vereinfachung der Überschlagsrechnung an, Herz und Skeletmuskel hätten praktisch denselben Enzymgehalt, so machen die 10 in der Tab. 2 aufgeführten Enzyme rund 1,7% des Frischgewichtes oder 6,5% des Eiweißbestandes der Muskelzelle aus. Macht man weiterhin die Annahme, daß bei der biologischen Oxydation der wichtigsten Nährsubstrate insgesamt 50 Enzyme beteiligt sind und sich ihr Gehalt in der Muskelzelle in derselben Größenordnung bewegt wie die der 10 in der Tab. 2 aufgeführten, so ergibt sich zu Zwecken der Energiegewinnung ein Enzymgehalt

Tabelle 2. *Der Gehalt von Muskel und Herz an Enzymen auf Grund von Isolierungen.*

| Enzym | Prozente des Feuchtgewichtes | |
|---|---|---|
| | Skeletmuskel | Herz |
| Phosphorylase . . . . . . . . | 0,08 | |
| Aldolase . . . . . . . . . . . | 0,09 | |
| Phosphoglucomutase . . . . . | 0,08 | |
| Triosephosphatdehydrogenase. . | 0,40 | |
| Milchsäuredehydrogenase. . . . | 0,10 | 0,36 |
| Äpfelsäuredehydrogenase . . . | | 0,40 |
| Aconitase . . . . . . . . . . | | 0,16 |
| Fumarase . . . . . . . . . . . | | 0,02 |
| Condensing Enzyme . . . . . | | 0,07 |
| DPN-Cytochromreduktase . . . | | 0,06 |

von über 8% des Feuchtgewichtes oder von etwa 30% des Eiweißbestandes einer Muskelzelle. Berücksichtigt man nun die in der Tab. 3 wiedergegebene Aufschlüsselung der Muskelproteine, so zeigt sich, daß praktisch das gesamte Nichtstruktureiweiß der Muskelzelle Enzymeiweiß sein muß.

Nun sind die Stoffwechselleistungen des Muskels, abgesehen von den mit der Energiegewinnung verknüpften Prozessen, ge

Tabelle 3. *Verteilung der Muskelproteine.*

| Protein | Prozente vom Gesamteiweiß |
|---|---|
| Myosin . . . . . . . | 38 |
| Actin . . . . . . . | 13—15 |
| Stroma . . . . . . | 15—17 |
| Anderweitige Proteine (Globäre Proteine) | 32 |

ring. Denn die Muskulatur hat eine Spezialaufgabe, die Transformierung von chemischer Energie in mechanische Arbeit. Infolgedessen ist der Gehalt der Muskelzelle an kontraktiler Substanz groß. Bei einer Leberzelle liegen die Verhältnisse wesentlich anders. Hauptaufgabe der Leberzelle ist die Durchführung einer Unzahl von chemischen Reaktionen. Sie enthält daher nur wenig Strukturproteine, und zwar im wesentlichen zum Aufbau des Zellkerns, der Mitochondrien, der Mikrosomen und der Zellmembran. Wie groß die für die Ausbildung solcher Strukturen von einer Zelle benötigte Eiweißmenge ist, entzieht sich augenblicklich jeder Schätzung. Nach der derzeitigen Auffassung der chemischen Genetik ist ein Gen in irgend einer Weise für Aktivität oder die Bildung eines Enzyms verantwortlich. Dies bedeutet, daß eine Leberzelle oder sonstige Organzelle etwa 1000—10000 verschiedene Enzyme enthalten muß. Setzt man voraus, daß die bisher noch nicht in reiner Form gewonnenen Enzyme dieselben Eigenschaften haben wie die genau bekannten (Molekulargewichte und Wechselzahlen derselben Größenordnung) und daß der Gehalt an den einzelnen Enzymen etwa der Intensität des Umsatzes des betreffenden Substrates parallel verläuft (was im Einzelfalle sicher nicht der Fall ist, aber statistisch gesehen zutreffen dürfte), so erscheint mir die folgende Schätzung nicht abwegig zu sein. Vorausgesetzt ist weiterhin, daß die Leber, deren $Q_{O_2}$ nur rund halb so groß wie der des Herzmuskels ist, auch nur den halben Gehalt an Enzymen der biologischen Oxydation hat, das wären also 4% des Feuchtgewichtes. In der Leber finden außer der biologischen Oxydation noch eine Reihe anderer Reaktionen statt, die in einem großen Umfange ablaufen (z. B. Harnstoffbildung, Transaminierungen und andere Umsetzungen von Aminosäuren). Rechnet man für diese Enzyme ebenfalls 4% des Feuchtgewichtes und weitere 6—8% für die Tausende von Fermenten, welche bei den zahllosen Reaktionen beteiligt sind, die in kleinerem Umfange ablaufen (mit Umsätzen in der Größenordnung der Milligramme bis zu wenigen Grammen), so kommen wir auf einen Enzymgehalt einer Leberzelle von etwa 15% des Feuchtgewichtes oder von etwa zwei Drittel des gesamten Eiweißbestandes. Auch in der Leber dürfte demnach der größte Teil des Nichtstruktureiweißes Fermenteiweiß sein. Dasselbe wird wohl auch für die Zellen der anderen Organe des tierischen Organismus zutreffen. Solche Überschlagsrechnungen zeigen aber nicht nur, daß ein hoher Prozentsatz des Zelleiweiß Fermenteiweiß sein muß, sondern auch, daß eine Zelle in der Lage ist, alle die vielen Enzyme zu beherbergen, deren Existenz wir annehmen müssen, ohne daß wir zu bisher unbewiesenen Hypothesen zu greifen brauchen wie etwa der, daß ein Fermentproteinmolekül durch Bindung an verschiedene prosthetische Gruppen mehrerlei Reaktionen zu katalysieren imstande sei. Auch bei Mikroorganismen, zum mindesten bei jungen, aktiven Zellen, ist praktisch das gesamte Zelleiweiß als Fermenteiweiß aufzufassen (VIRTANEN).

Der Enzymgehalt der Zellen, zum mindesten der an den
Enzymen der biologischen Oxydation, ist wesentlich größer, als
er dem Umfang des Stoffwechsels nach zu sein brauchte. Nehmen
wir den $Q_{O_2}$ des Herzens zu —22,4 an (was etwa den tatsächlich
gemessenen Werten entspricht), so bedeutet dies, daß in der

Tabelle 4. *Umsatzzahlen kristallisierter Fermente der biologischen Oxydation.*

| Enzym | Organ und Konzentration % | Wechselzahl (38°) in der Minute | Molekulargewicht | Mikromole Substratumsatz pro $\gamma$ Enzym und Stunde | Mikromole Substratumsatz pro mg Trockensubstanz Organ | Theoretisch möglicher Q-Wert des Organs * |
|---|---|---|---|---|---|---|
| Phosphorylase . . | Muskel 0,08 | 96000 | 400000 | 14,4 | 57,6 | 1290 |
| Phosphoglucomutase | Muskel 0,08 | 40320 | 100000 | 24,2 | 96,8 | 2168 |
| Triosephosphatdehy-<br>drogenase . . . | Muskel 0,40 | 10000 | 100000 | 6,0 | 120,0 | 2688 |
| Milchsäuredehydro-<br>gonase . . . . | Muskel 0,10 | 73000 | 100000 | 43,8 | 219,0 | 4827 |
| Glycerophosphat-<br>dehydrogenase . | Muskel 0,015 | 140000 | 100000 | 84,0 | 61,2 | 1411 |
| Condensing Enzyme | Herz 0,07 | 27000 | 100000 | 16,2 | 56,7 | 1270 |
| DPN-Cytochrom-<br>Reduktase . . . | Herz 0,056 | 11000 | 80000 | 8,4 | 23,5 | 526 |

* Ein Umsatz von 1 Mikromol Substrat pro mg Trockensubstanz und
Stunde entspricht einem Q-Wert von 22,4.

Alle Werte dieser Tabelle wurden einheitlich unter den folgenden Voraussetzungen berechnet:
Trockensubstanz = 20% des Feuchtgewichtes; N = 10% der Trocken-
Umsatz bei 38° = 2,4 × Wert bei 30°                     substanz.
= 3,0 × Wert bei 28°
= 5,4 × Wert bei 20°

Stunde pro Milligramm Trockensubstanz 0,167 Mikromole Glucose
oxydiert werden. Würde dies unter der Beteiligung von einem
einzigen Enzym geschehen und hätte dieses Enzym ein Molekulargewicht von 100000 und die sehr niedere Wechselzahl von 10000 in
der Minute, so wären zur Oxydation der 0,167 Mikromole Glucose
0,028 $\gamma$ Enzym notwendig, was einem Enzymgehalt von 0,0007%
des Feuchtgewichtes entspräche. Nehmen wir wie oben an, daß
bei der biologischen Oxydation der Glucose insgesamt 50 Enzyme
beteiligt sind, so wäre zur Leistung eines $Q_{O_2}$ von —22,4 ein

Enzymgehalt von 0,035% des Feuchtgewichtes notwendig. Die oben durchgeführte Überschlagsrechnung über den Enzymgehalt des Muskels führte jedoch zu einer um ein bis zwei Zehnerpotenzen höheren Zahl. In der Tab. 4 sind die sich aus den tatsächlich bei den kristallisierten Enzymen der biologischen Oxydation gemessenen Werten errechnenden Umsatzzahlen zusammengestellt. Wie man sieht, ist der Gehalt an den in der Tabelle aufgeführten Enzymen um etwa zwei Zehnerpotenzen höher, als er nach den an Organschnitten in vitro gemessenen Umsätzen zu erwarten wäre. Ähnlich liegen die Verhältnisse bei dem Cytochrom-Cyto-

Tabelle 5. *Auf Grund des Cytochrom c-Gehaltes berechnete und tatsächliche Sauerstoffaufnahme von Organen* (STADIE *und* MARSH).

| Organ | Cytochrom c Prozente der Trockensubstanz | Maximal möglicher $Q_{O_2}$ | Physiologischer Bereich des $Q_{O_2}$ |
|---|---|---|---|
| Nierenrinde ......... | 0,14 | 720 | 10—50 |
| Leber ............ | 0,06 | 309 | 10—30 |
| Hirnrinde ......... | 0,04 | 206 | 10—40 |
| Skeletmuskel ........ | 0,05 | 257 | 5—110 |
| Herzmuskel ........ | 0,22 | 1133 | 3—60 |

chromoxydase-System (Tab. 5). Daß auch die Verdauungsenzyme in einem den Bedarf um mindestens zwei Zehnerpotenzen übersteigenden Ausmaß sezerniert werden, ist lange bekannt.

Der Umfang der Stoffwechselleistungen einer Zelle wird also — zum mindesten im Bereich der biologischen Oxydation — nicht von dem Enzymgehalt begrenzt. Maßgebend für ihn sind andere Faktoren, wie z. B. Diffusionsgeschwindigkeiten, Konzentration von Inhibitoren und dergleichen. Bei der biologischen Oxydation ist der Umstand wesentlich, daß das Adenylsäuresystem der Zelle nur in einem beschränkten Umfange zur Verfügung steht, so daß eine Selbststeuerung der Energiegewinnung durch die Geschwindigkeit des ATP-Verbrauchs ermöglicht wird. Die Stoffwechselleistungen der Organe eines höheren Organismus werden im wesentlichen durch die Leistungsfähigkeit der Atmung und des Kreislaufs bestimmt.

Arbeitet man unter den für ein Enzym optimalen Bedingungen mit Organhomogenaten, also unter Aufhebung aller Diffusionsschwierigkeiten, Ausschaltung der Inhibitoren bzw. enzym-

Tabelle 6. *Q-Werte von Enzymen.*

| | Leber | Niere | Muskel | Herz | Haut | Milz | Lunge | Gehirn | Dünndarm |
|---|---|---|---|---|---|---|---|---|---|
| Hexokinase | 1,4[1] | 7,9[1] | 7,4[1] | 15[1] | | 8,3[1] | 4,3[1] | 27[1] | 12[1] |
| Aldolase | 61[2] | 38[2] | 374[2] 1600[5] | 68[2] | | 24[2] | 14[2] | 79[2] | |
| Bernsteinsäureoxydase | 62 bis 104[3, 4, 25,29] | 90[36] 112[4] 195[29] | 6,6[4] 36[29] | 62[4] 219[6] 340[33] | 0,28[31] | 0,5[4] 23[29] | 7,5[4] 18[29] | 62[4] 49[29] | |
| Aconitase | 62[6] | 80[6] | 120[6] | | | | | | |
| Kynureninase | 0,25[8] | | | | | | | | |
| Tryptophanperoxydase | 0,20[8] | | | | | | | | |
| Isomerase | | | 62000[10] | | | | | | |
| Glutaminsäure-Oxalessigsäure-Transaminase | 245[11] 28[41] | 245[11] 31[41] | 316[11] | | | | | | |
| Glutaminsäure-Brenztraubensäure-Transaminase | 40[41] | 3,2[41] | | | | | | | |
| Oxalbernsteinsäuredecarboxylase | 45[12] | 150[12] | 490[12] | | | | | | |
| Fructokinase | 17[13] | | | | | | | | |
| Xanthinoxydase | 0,7[14] 0,9[28] 2—4[15] 0,25[41] | 0,13[15] | 0[15] | | | | | | |
| DPN-Cytochromreduktase | 468[16] | | | | | | | | |
| TPN-Cytochromreduktase | 51[20] | | | | | | | | |
| Dopadecarboxylase | 0,7[17, 18] | 2—3[18] | | | | | | | |
| Cysteinsäuredecarboxylase | 0,1[17, 18] | | | | | | | | |
| Aminoxydase | 6[21] 0,3[22] | 0,45[22] | | | | | | | |
| D-Aminosäureoxydase | 7[21] 2,2[30] | | 0[43] | 0[43] | | 0[43] | | 0[43] | 0[43] |
| Cholinoxydase | 17[9] 15[24] 2[30,35] | 8[9] | 0 | | | | | | |
| Glutathionreduktase | 30[23] | 40[23] | 2,2[23] | 6,6[23] | | 7,2[23] | | 6,0[23] | |
| Nucleosidphosphorylase | 26[26] | | | | | | | | |
| Adenosindesaminase | 4[26] | | | | | | | | |
| Diaminoxydase | 0,1-0,2[42] | 0,5[27] | | | | | 0-0,02[42] | 0,01[42] | bis 0,8[42] |

*Tabelle 6.* (Fortsetzung)

| | Leber | Niere | Muskel | Herz | Haut | Milz | Lunge | Gehirn | Dünndarm |
|---|---|---|---|---|---|---|---|---|---|
| Glutaminsäuredehydrogenase | 49[19] | 25[19] | | 4,9[19] | | 5,2[19] | | 10,3[19] | |
| Cytochromoxydase | 392[29] | 549[29] | 180[29] | 974[29] 1540[33] | 2[31] | 195[29] | 92[29] | 420[29] | |
| Milchsäuredehydrogenase | 504[32] 578[39] | 497[39] | | 1304[39] | | 188[39] | 111[39] | | |
| Isocitronensäuredehydrogenase | 177[20] | | | | | | | | |
| ATP-ase | 185[34] 125[35] | 300[34] 140[35] | 344[34] | 403[34] | | 190[34] | 320[34] | 103[34] | |
| Alkalische Phosphatase | 4,5[36] | 11[36] 12[35] | | | | | 7—16[36] | 1—2[36] | 8 bis 13[36] |
| Saure Phosphatase | 1[36] | 9[36] | | | | | 1,5[36] | 1—2[36] | 0,2bis 0,5[36] |
| Arginase | 435[37] | | | | | | | | |
| Rhodanese | 736[37] | | | | | | | | |
| α-Ketoglutarsäureoxydase | 25[38] | 28[38] | | 47[38] | | | | | |
| Uricase | 0,11[40] | | | | | | | | |


**Literatur zur Tabelle 6.**

[1] Long, C.: Biochemic. J. **50**, 407 (1951).

[2] Sibley, J. A., and A. L. Lehninger: J. of Biol. Chem. **177**, 859 (1949).

[3] McShan, W. H., W. Ermay and R. Meyer: Arch. of Biochem. **9**, 69 (1946).

[4] Elliott, K. A. C., and M. E. Greig: Biochemic. J. **32**, 1407 (1938).

[5] Meyerhof, O., and J. R. Wilson: Arch. of Biochem. **21**, 22 (1949).

[6] Johnson, W. A.: Biochemic. J. **33**, 1046 (1939).

[7] Dinning, J. S., C. K. Keith and P. L. Day: Arch. of Biochem. **24**, 463 (1949). —

[8] Knox, W. E.: Biochemic. J. **53**, 379 (1953).

[9] Richert, D.A., and W.W. Westerfeld: J. of Biol. Chem. **199**, 829 (1952).

[10] Oesper, P., and O. Meyerhof: Arch. of Biochem. **27**, 223 (1950).

[11] Cohen, P. P., and G. L. Hekhuis: J. of Biol. Chem. **140**, 711 (1941).

[12] Ochoa, S., and E. Weisz-Tabori: J. of Biol. Chem. **159**, 245 (1945); **174**, 123 (1948).

[13] Hers, H. G.: Biochim. Biophysica Acta 8, 416 (1952).

[14] Williams, J.N. Jr., and C. A. Elvehjem: J. of Biol. Chem. **181**, 559 (1949).

[15] Westerfeld, W.W., and D. A. Richert: Proc. Soc. Exper. Biol. a. Med. **71**,181 (1949); J. of Biol. Chem. **199**, 393 (1952).

[16] HOGEBOOM, G. H., and W. C. SCHNEIDER: J. Nat. Cancer Inst. **10**, 983 (1950).

[17] SLOANE-STANLEY, G. H.: Biochemic. J. **45**, 556 (1949).

[18] BLASCHKO, H.: Adv. Enzymol. **5**, 67 (1945).

[19] COPENHAVER, J. H. JR., W. H. McSHAN and R. K. MEYER: J. of Biol. Chem. **183**, 73 (1950).

[20] HOGEBOOM, G. H., and W. C. SCHNEIDER: J. of Biol. Chem. **186**, 417 (1950).

[21] HAWKINS, H.: Biochemic. J. **51**, 399 (1952).

[22] BHAGVAT, K., H. BLASCHKO and D. RICHTER: Biochemic. J. **33**, 1338 (1939).

[23] BALL, T. W., and A. L. LEHNINGER: J. of Biol. Chem. **194**, 119 (1952).

[24] WILLIAMS, J. N. JR., G. LITWACK and C. A. ELVEHJEM: J. of Biol. Chem. **192**, 73 (1951).

[25] SCHNEIDER, W. C., and G. H. HOGEBOOM: J. of Biol. Chem. **183**, 123 (1950).

[26] SCHNEIDER, W. C., and G. H. HOGEBOOM: J. of Biol. Chem. **195**, 161 (1952).

[27] TABOR, H.: J. of Biol. Chem. **188**, 125 (1951).

[28] METER, J. C. VAN, and J. J. OLESON: J. of Biol. Chem. **187**, 91 (1950).

[29] POTTER, V. R.: Adv. Enzymol. **4**, 201 (1944).

[30] LAN, T. H.: J. of Biol. Chem. **151**, 171 (1943).

[31] CARRUTHERS, C., and V. SUNTZEFF: Arch. of Biochem. **17**, 261 (1948).

[32] VESTLING, C. S., and A. A. KNOEPFELMACHER: J. of Biol. Chem. **183**, 63 (1950).

[33] JOHNSTON, C. D.: Arch. of Biochem. **31**, 375 (1951).

[34] DUBOIS, K. P., and V. R. POTTER: J. of Biol. Chem. **150**, 185 (1943).

[35] LEVY, H., V. LEVISON and A. L. SHADE: Arch. of Biochem. **27**, 34 (1950).

[36] REIS, J. L.: Biochemic. J. **48**, 548 (1951).

[37] ROSENTHAL, O., C. S. ROGERS, H. M. VARS and C. C. FERGUSON: J. of Biol. Chem. **185**, 669 (1950).

[38] ACKERMANN, W. W.: J. of Biol. Chem. **184**, 557 (1950).

[39] MEISTER, A.: J. Nat. Cancer Inst. **10**, 1263 (1950).

[40] DHUNGAT, S. B., and A. SREENIVASAN: J. of Biol. Chem. **197**, 830 (1952).

[41] AWAPARA, J.: J. of Biol. Chem. **200**, 537 (1953).

[42] ZELLER, E. A., H. BIRKHÄUSER, H. MISLIN u. M. WENK: Helv. chim. Acta **22**, 1381 (1939).

[43] KREBS, H. A.: Biochemic. J. **29**, 1620 (1935).

zerstörender Faktoren und günstigsten Konzentrationen an Substrat und Effektoren, so lassen sich wesentlich höhere Umsätze beobachten als beim Arbeiten mit intakten Zellen oder Gewebsschnitten. Man mißt unter diesen Bedingungen eben die potentiellen Enzymaktivitäten. Daten über solche maximal möglichen Umsätze sind in der Tab. 6 zusammengestellt. Alle Werte sind einheitlich auf Q-Werte bei 38° umgerechnet. Die Basis der Berechnung ist dieselbe wie für die Tab. 4. Eine der höchsten je

gemessenen Enzymaktivitäten ist die der sauren Phosphatase
in der Prostata mit einem $Q_P$ von 3730 (Reis).

Tabelle 7. *Lebensalter und Enzymaktivitäten.*

| Enzym | Tier und Organ | |
|---|---|---|
| Cholinoxydase | Ratte, Leber und Niere | Bei jungen Tieren sehr nieder. Erreicht Aktivität erwachsener Tiere sehr langsam [1,2] |
| Xanthinoxydase | Ratte, Leber | Neugeborene Tiere haben keine Xanthinoxydase [3] |
| Adenosindesaminase | Rind, Darmschleimhaut | Fetal praktisch völlig fehlend [4] |
| Esterase | Rind, Darmschleimhaut | Fetal in nur sehr geringer Aktivität [4] |
| Alkalische Phosphatase | Rind, Darmschleimhaut | Fetal nur etwa 50% der Aktivität des erwachsenen Tieres [4] |
| Glutaminase | Mensch, Niere | Bei Frühgeburten sehr geringe Aktivität [5] |
| $\beta$-Glucuronidase | Maus, Uterus | Enzymgehalt nimmt mit steigender Größe des Organs zu [6] |
| Aminoxydase | Mensch, Darm, Niere | Kinder haben geringere Aktivität in Niere, Duodenum und Colon als Erwachsene. Ab 4 Monate alt, normale Werte [7] |
| Cytochromoxydase | Ratte, Uterus | Je jünger Tier, umso höher Cytochromoxydase [8] |
| Dehydropeptidase I | Ratte, Leber, Niere | Bei erwachsenen Tieren Fermentaktivität größer als bei wachsenden [9] |

[1] Kensler, C. J., M. Rudden, E. Shapiro and H. Langemann: Proc. Soc. Exp. Biol. a. Med. **79**, 39 (1952).

[2] Richert, D. A., and W. W. Westerfeld: J. of Biol. Chem. **199**, 829 (1952).

[3] Westerfeld, W. W., and D. A. Richert: J. of Biol. Chem. **184**, 163 (1950).

[4] Stern, H., V. Allfrey, A. E. Mirsky and H. Saetren: J. Gen. Physiol. **35**, 559 (1952).

[5] Archibald, R. M.: J. of Biol. Chem. **154**, 657 (1944).

[6] Kerr, L. M. H., J. G. Campbell and G. A. Levvy: Biochemic. J. **44**, 487 (1949).

[7] Epps, H. M. R.: Biochemic. J. **39**, 37 (1945).

[8] Rossi, R.: Experientia 8, 386 (1952).

[9] Bartlett, P. D.: Enzymologia **15**, 77 (1951).

Der Enzymbestand der Zellen ist nicht konstant, sondern durch
endogene und exogene Faktoren beeinflußbar. So bestehen

Beziehungen zwischen dem Lebensalter bzw. auch dem Zellalter und dem Enzymgehalt der Organzellen. Einige Beispiele findet man in der Tab. 7. Weiterhin wird der Enzymgehalt der Organe stark durch Hormone beeinflußt. In der Tab. 8 sind als Beispiele die Wirkung der Exstirpation einiger endokriner Drüsen auf den Enzymgehalt von Organen wiedergegeben. Es sind willkürlich

Tabelle 8. *Einfluß der Exstirpation innersekretorischer Drüsen auf die Enzymaktivität von Organen.*

| | Organ | Veränderung der Enzymaktivität |
|---|---|---|
| Kastration | Samenblasen | Succinoxydase — |
| | Samenblasen | Alkalische Phosphatase — |
| | Niere | Arginase + |
| | Niere | Alkalische Phosphatase + |
| | Niere | D-Aminosäureoxydase — |
| | Leber | Alkalische Phosphatase + |
| | Uterus | $\beta$-Glucuronidase — |
| Adrenalektomie | Leber | Arginase — |
| | Leber | D-Aminosäureoxydase — |
| | Niere | Arginase — |
| | Niere | Prolinoxydase — |
| Hypophysektomie | Leber | Succinoxydase + |
| | Leber | Arginase — |
| | Leber | D-Aminosäureoxydase + |
| | Leber | Alkalische Phosphatase + |
| | Niere | Arginase — |
| | Niere | Alkalische Phosphatase — |
| | Niere | Saure Phosphatase — |

+ = Zunahme der Aktivität; — = Abnahme der Aktivität.

herausgegriffene Beispiele aus einem großen vorliegenden Material, die lediglich zeigen sollen, daß man über das Sammeln von Einzelbefunden noch nicht herausgekommen ist, und daß eine Einordnung der Befunde in größere Gesichtspunkte noch kaum möglich ist. Man findet Zunahmen und Abnahmen von Enzymen in diesem oder jenem Organ, die bisher nur erkennen lassen, daß Hormone die Biosynthese oder den Abbau von Enzymen in Organen steuern. Auf die direkte Beeinflussung von Enzymaktivitäten durch Hormone, die sich in Versuchen in vitro hat zeigen lassen, soll in diesem Zusammenhange nicht eingegangen werden.

Krankhafte Veränderungen von Organen gehen zumeist mit mehr oder minder charakteristischen Veränderungen des Enzymgehaltes einher. Vielfach untersuchte Beispiele sind der Enzymgehalt des Muskels bei Muskeldegenerationen, der Enzymgehalt

Tabelle 9. *Verhalten von Enzymen beim Hunger oder eiweißarmer Ernährung.*

| Enzym | Organ | Tier | Effekt |
|---|---|---|---|
| Xanthinoxydase . . . | Leber | Ratte | $-$[1, 2, 3, 4, 5, 15,] 0[17] |
| D-Aminosäureoxydase . | Niere | ,, | $-$[1] |
| Succinoxydase . . . . | Leber | ,, | $-$[6, 7, 8] |
| Katalase . . . . . . . | ,, | ,, | $-$[5] |
| Alkalische Phosphatase | ,, | ,, | $-$[5, 14] |
| Kathepsin . . . . . . | ,, | ,, | $-$[5,] $+$[14] |
| Arginase . . . . . . . | ,, | ,, | $-$[5, 9, 10, 6] |
| Cytochromoxydase. . . | ,, | ,, | 0[8] $+$[17] |
| Rhodanese . . . . . . | ,, | ,, | $-$[10] |
| Pseudocholinesterase . | ,, | ,, | 0[11] |
| Pseudocholinesterase . . | Ges.-Organismus | ,, | $-$[11] |
| Phosphorylase. . . . . | Muskel | ,, | $-$[12] |
| ATP-ase . . . . . . . | Leber | ,, | 0[10,] $-$[6] |
| Dipeptidase . . . . . | ,, | ,, | 0[6] |
| Esterase . . . . . . . | ,, | ,, | $-$[6, 15] |
| Cholinoxydase. . . . . | ,, | ,, | $-$[6] |
| ATP-ase . . . . . . . | Muskel | ,, | 0[8] |
| Saure Phosphatase. . . | Leber | ,, | 0[14] |
| Transaminase . . . . . | ,, | ,, | $-$[16] |
| DPN-Cytochrom-reduktase | Leber | ,, | $-$[17] |

$-$ = Abnahme; 0 = unverändert.


[1] LANG, K.: Klin. Wschr. **1947**, 868.

[2] WESTERFELD, W. W., and D. A. RICHERT: J. of Biol. Chem. **192**, 35 (1951).

[3] LITWACK, G., J. N. WILLIAMS JR., P. FEIGELSON and C. A. ELVEHJEM: J. of Biol. Chem. **187**, 605 (1951).

[4] WILLIAMS, J. N. JR., and C. A. ELVEHJEM: J. of Biol. Chem. **181**, 559 (1949).

[5] MILLER, L. L.: J. of Biol. Chem. **172**, 113 (1948).

[6] BARGONI, N.: Experientia **7**, 104 (1951).

[7] POTTER, V. R., and H. L. KLUG: Arch. of Biochem. **12**, 241 (1947).

[8] MILLMAN, N.: Proc. Soc. Exper. Biol. a. Med. **77**, 300 (1951).

[9] KOCHAKIAN, C. D., M. N. BARTLETT and J. MOE: Amer. J. Physiol. **154**, 489 (1948).

[10] ROSENTHAL, O., C. S. ROGERS, H. M. VARS and C. C. FERGUSON: J. of Biol. Chem. **185**, 669 (1950).

[11] HARRISON, M. F., and L. M. BROWN: Biochemic. J. **48**, 151 (1951).

[12] LUNDHACK, K., u. E. S. GORANSON: Acta physiol. scand. **17**, 280 (1949).

[13] SCHULTZ, J.: J. of Biol. Chem. **178**, 451 (1949).

[14] ELY, J. O., and M. H. ROSS: Nature (Lond.) **168**, 323 (1951).

[15] LITWACK, G., J. N. WILLIAMS JR., L. CHEN and C. A. ELVEHJEM: J. Nutrit. **47**, 299 (1952).

[16] AWAPARA, J.: J. of Biol. Chem. **200**, 537 (1953).

[17] WAINIO, W. W., B. EICHEL, H. J. EICHEL, P. PERSON, F. L. ESTES and J. B. ALLISON: J. Nutrit. **49**, 465 (1953).

der Leber bei degenerativen und regenerativen Prozessen oder der Enzymgehalt von Tumorgewebe. Die im Blutplasma enthaltenen Enzyme entstammen bestimmten Quellen. Die Bestimmung ihrer Aktivität hat daher häufig ein wesentliches praktisches Interesse für diagnostische Zwecke (z. B. Vermehrung der alkalischen Phosphatase bei krankhaften Prozessen im Knochen, Zunahme der Plasmapeptidase infolge der Zerstörung von Erythrocyten bei einer Phenylhydrazinanämie, Abnahme der Plasmaamylase bei Pankreasnekrosen).

Die wichtigste exogene Beeinflussungsmöglichkeit des Enzymgehalts von Zellen ist die Art der Ernährung. In den letzten Jahren ist ein großes experimentelles Material darüber beigebracht worden, daß sich der Gehalt der Organe an Enzymen, ferner der Umfang der Enzymbildung in den Verdauungsdrüsen, durch eine eiweißarme Kost erheblich herabsetzen läßt. In der Tab. 9 sind die wichtigsten einschlägigen Befunde zusammengestellt. Die in diese Tabelle aufgenommenen Enzymabnahmen betreffen solche, die über einen der allgemeinen Proteinverminderung entsprechenden Betrag hinausgehen. Wie die Tabelle zeigt, nehmen in bestimmten Organen nur bestimmte Enzyme ab. Von einer Deutungsmöglichkeit solcher Befunde sind wir heute noch weit entfernt.

Daß im Eiweißmangel die Biosynthese von Enzymen eingeschränkt wird, ist leicht verständlich, denn die Enzyme unterliegen als Proteine selber den Gesetzen des Eiweißstoffwechsels. Zur Enzymbildung müssen die Voraussetzungen für die Möglichkeit der Proteinsynthese gegeben sein. Durch Mangel an den essentiellen Aminosäuren wird der Gehalt der Leber an bestimmten Enzymen herabgesetzt (Tab. 10). Verabreichung von Antiaminosäuren hemmt die Enzymbildung bei Mikroorganismen und höheren Tieren (Tab. 11).

Das an höheren Tieren in dieser Richtung gewonnene Material ist nicht sehr groß, zeigt aber, daß sich bei den erwähnten Eingriffen (Proteinmangel, Mangel an essentiellen Aminosäuren, Verabreichung von Stoffwechselantimetaboliten) nicht alle Enzyme gleichartig verhalten. Manche Enzyme, z. B. im höchsten Maße die Xanthinoxydase der Leber, sind recht empfindlich gegen solche Eingriffe, bei anderen Enzymen hingegen wird der Gehalt in den Organen nur wenig verändert. Eindeutigere Versuchsbedingungen lassen sich auch hier wie so oft bei Mikroorganismen schaffen. VIRTANEN hat an Mikroorganismen Untersuchungen darüber angestellt, wie sich eine Veränderung des Proteingehaltes

Tabelle 10. *Wirkung von Mangel an essentiellen Aminosäuren auf den Enzymgehalt der Rattenleber*

| Aminosäure | Wirkung |
|---|---|
| Histidin[1] | Praktisch kein Einfluß auf Gehalt an<br>　　Xanthinoxydase<br>　　Bernsteinsäureoxydase<br>　　Cholinoxydase<br>　　Gesamtsauerstoffaufnahme |
| Tryptophan[2] | Praktisch kein Einfluß auf Gehalt an<br>　　Kathepsin<br>Starke Verminderung von<br>　　Xanthinoxydase<br>　　Bernsteinsäureoxydase<br>　　Gesamtsauerstoffaufnahme |
| Methionin[3] | Geringe Verminderung von Bernsteinsäureoxydase<br>Abfall der Xanthinoxydase auf fast null |

[1] BOTHWELL, J. W., and J. N. WILLIAMS JR.: J. of Biol. Chem. **191**, 129 (1951).

[2] WILLIAMS, J. N. JR., and C. A. ELVEHJEM: J. of Biol. Chem. **183**, 539 (1950).

[3] WILLIAMS, J. N. JR., A. E. DENTON and C. A. ELVEHJEM: Proc. Soc. Exper. Biol. a. Med. **72**, 386 (1949).

der Zellen auf den Gehalt an Enzymen auswirkt. Er konnte zeigen, daß bei fallendem N-Gehalt zunächst der Gehalt an den

Tabelle 11. *Hemmung der Enzymbildung durch Antiaminosäuren.*

| Enzym | Antiaminosäure | Organismus |
|---|---|---|
| Tryptophanperoxydase | Äthionin | Rattenleber[1] |
| Galaktozymase | Fluorphenylalanin<br>Äthionin | Bierhefe[2] |
| Katalase | Äthionin | Rattenleber[3] |
| Amylase | Äthionin | Rattenpankreas[3] |

[1] LEE, N. D., and R. H. WILLIAMS: Biochim. Biophysica Acta **9**, 698 (1952).

[2] HALVORSON, H. O., and S. SPIEGELMAN: J. Bacter. **64**, 207 (1952).

[3] BOLLAG, W., and E. GALLICO: Biochim. Biophysica Acta **9**, 193 (1952).

nicht lebensnotwendigen Enzymen stark abnimmt, insbesondere an den sog. adaptiven Enzymen, die nur bei der Kultur der Zellen mit bestimmten Substraten benötigt werden. Dagegen bleibt auch bei einer Verminderung des Eiweißgehalts der Zellen ihr Gehalt an lebenswichtigen Enzymen, etwa den Proteasen, praktisch konstant. Das Versuchsergebnis läßt sich auch anders ausdrücken: bei geringem Proteingehalt der Zellen ist ihre Fähigkeit zur adaptiven Enzymbildung gering. Nur gut ernährte Zellen, bei denen die Voraussetzungen für eine Biosynthese von Proteinen optimal sind, vermögen in großem Umfange adaptiv Enzyme zu bilden.

Unter adaptiver Enzymbildung versteht man die Induktion der Bildung von Enzymen unter dem Einfluß von spezifischen Substraten. Durch die Fähigkeit zur adaptiven Enzymbildung vermag die lebende Zelle ihr Enzymsystem der angebotenen Nahrung anzupassen. Die früher scharf durchgeführte Unterscheidung zwischen adaptiven und konstitutiven Enzymen läßt sich heute nicht mehr aufrecht erhalten. Zwischen beiden Gruppen von Enzymen bestehen wohl mehr quantitative als qualitative Unterschiede. Die meisten Untersuchungen über die adaptive Enzymbildung wurden verständlicherweise an Mikroorganismen durchgeführt, da bei ihnen die experimentelle Beherrschung aller Faktoren einfacher ist. Beobachtungen über adaptive Enzymbildung liegen aber auch beim höheren tierischen Organismus vor. Am bekanntesten ist die Beeinflußbarkeit der Bildung der Verdauungsenzyme durch die Art der Ernährung. So bewirkt die Verfütterung eines kohlenhydratreichen Futters eine Vermehrung des Amylasegehaltes und eine Verminderung des Trypsingehaltes des Pankreas. Eine proteinreiche Diät führt zu einer Vermehrung des Trypsingehalts des Pankreas (GROSSMAN, GREENBERG und IVY). Durch den Verzehr von viel Fett wird der Gehalt der Darmschleimhaut an Hexokinase und an alkalischer Phosphatase gesenkt (LONG). Schon kurze Hungerzeiten setzen die Produktion an Verdauungsenzymen deutlich herab. Auch für manche Organenzyme wurde ihre Beeinflußbarkeit im Sinne einer adaptiven Enzymbildung einwandfrei festgestellt. Erwähnt seien die Glutaminase der Niere (DAVIES und YUDKIN), die Arginase der Leber (MANDELSTAM und YUDKIN) und die Tryptophanperoxydase der Leber (KNOX). Die adaptive Enzymbildung pflegt bei jungen Tieren ergiebiger zu sein als bei älteren.

Der Mechanismus der adaptiven Enzymbildung ist noch ungeklärt. Eine adaptive Enzymbildung hat — wie schon erwähnt — zur Bedingung, daß überhaupt die Voraussetzungen für eine Enzymsynthese gegeben sind: Vorhandensein der benötigten Bausteine und der erforderlichen Energie. Die adaptive Enzymbildung läßt sich durch alle die Maßnahmen, welche die Biosynthese von Protein hemmen, unterdrücken, etwa Vergiftung mit den bekannten Stoffwechselgiften, welche die biologische Oxydation blockieren oder die Kopplung zwischen Oxydation und Phosphorylierung aufheben.

In der neueren Zeit hat man die Beziehungen zwischen dem Induktor und dem gebildeten Enzym studiert. Zwischen den Konzentrationen beider wurde in vielen Fällen eine lineare Beziehung festgestellt. Mitunter wird auch eine exponentiell zunehmende Enzymvermehrung beobachtet (Einzelheiten findet man in der neuen monographischen Zusammenfassung durch MONOD und COHN). Interessant ist der Befund, daß die Konzentration an induzierender Substanz nur außerordentlich gering zu sein braucht. $10^{-8}$ m Penicillin bewirken bei B. cereus noch eine Bildung von Penicillinase. Bei der adaptiven Enzymbildung wurden vielfach Interferenzen und Konkurrenzen beobachtet. Beispiel ist die Hemmung der Bildung von Galaktozymase in Anwesenheit von Fructose bei der Hefe.

Die erwähnten Befunde lassen darauf schließen, daß Induktor und Enzym in irgend einer Weise durch eine chemische Reaktion bzw. Reaktionskette miteinander verknüpft sind. YUDKIN nimmt an, daß das Enzym in der Zelle mit seinen Vorstufen oder Bausteinen in einem Gleichgewicht steht. Nimmt die Substratkonzentration zu, so wird das Gleichgewicht infolge der Enzym-Substrat-

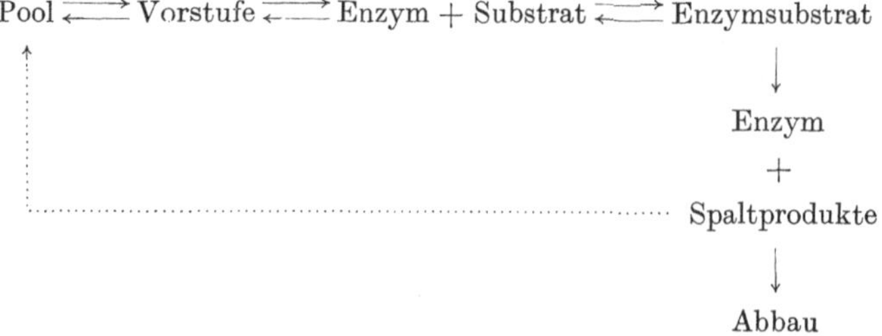

bindung gestört, was eine vermehrte Bildung des Enzyms auslösen muß („Massenwirkungstheorie der adaptiven Enzymbildung").

Die Vorstellung von YUDKIN wurde von ihm und MANDEL-STAM bei einigen konkreten Beispielen einer experimentellen und rechnerischen Überprüfung unterzogen und bestätigt gefunden.

Eine lineare Beziehung zwischen Konzentration an Induktor und entstandenem Enzym ist dann zu erwarten, wenn der Bausteinpool bzw. die Menge an Vorstufe groß im Vergleich zum Induktor sind, und wenn die Produkte der Enzymreaktion nicht zur Bildung von neuer Vorstufe Verwendung finden. Gehen die Spaltprodukte in den Baustein-Pool und bewirken dadurch eine vermehrte Synthese der Vorstufe, dann erfolgt die Enzymbildung exponentiell zunehmend.

Eine Stütze für die Auffassung, daß bei der Biosynthese von Enzymen zunächst eine noch fermentativ inaktive Vorstufe entsteht, bringt auch eine Beobachtung von DALY und MIRSKY. Während der Sekretion der Pankreasenzyme verändert sich der Gehalt der Drüse an Gesamteiweiß, Rest-N und Amino-N nicht. Während der Sekretion muß also ein anderes, fermentativ inaktives Eiweiß gebildet werden, das dann allmählich in die spezifischen Proteine der Enzyme umgewandelt wird. Die Bildung von Vorstufen, etwa Peptiden, wird ja allgemein bei der Proteinsynthese diskutiert. Bezüglich der letzten Diskussion sei auf die Arbeiten über die Biosynthese von Ovalbumin von ANFINSEN und STEINBERG und ihre Interpretation durch die Autoren verwiesen.

Ein anderes interessantes Studienobjekt für die Synthese von Enzymen ist der sich entwickelnde Embryo. In der ersten Zeit, etwa bis zum 14. Tage, geht der Gehalt an Cytochromoxydase dem gesamten N-Gehalt des Embryos parallel (ALBAUM und WORLEY). Dieselbe Parallelität zwischen Enzymgehalt und Gesamt-N wurde am Hühnerembryo auch für Peptidasen nachgewiesen (LEVY und PALMER). Nach Injektion von Adenosin bilden Hühnerembryonen adaptiv Adenosindesaminase (GORDON und RODER). Leider liegen auf diesem Gebiet nur wenige Untersuchungen vor, so daß eine Einordnung solcher Befunde in größere Zusammenhänge noch nicht möglich ist. Als adaptive Enzymbildung müßte auch die Bildung der Abwehrfermente von ABDERHALDEN gewertet werden. Die Existenz dieser Abwehrproteasen erscheint mir aber so stark umstritten zu sein, daß in diesem Referat nicht näher auf sie eingegangen werden soll.

Eine wesentliche Vertiefung unserer Kenntnisse über die Biosynthese von Enzymen erbrachten neuere Mitteilungen über die Bildung von Enzymen in überlebenden Organschnitten in vitro. Pankreasschnitte von Tauben synthetisieren Amylase (Hokin) in einem Umfange von bis zu 5 γ Enzym pro mg Trockengewicht und Stunde. Voraussetzung für die Synthese der Amylase sind Anwesenheit der erforderlichen Aminosäuren (Methionin kann fehlen, da Amylase methioninfrei ist), ferner Gegenwart von Sauerstoff und einem oxydablen Substrat (Glucose). Eine Synthese von 5 γ Amylase pro mg Trockengewicht und Stunde würde umgerechnet auf den Menschen bedeuten, daß das Pankreas, das rund 100 g wiegt, im Tag 2,4 g Amylase zu bilden imstande wäre. Der Amylasegehalt des ruhenden Pankreas pflegt bei 0,65% zu liegen (Tab. 1).

Dhungat und Sreenivasan haben eine Synthese von Xanthinoxydase in Rattenleberschnitten nachgewiesen. Anfinsen inkubierte Pankreasschnitte mit $NaHC^{14}O_3$ und konnte aus ihnen radioaktive Ribonuclease isolieren. Die spezifische Aktivität der Ribonuclease war etwa doppelt so hoch wie die der durchschnittlichen Proteine. Die Stoffwechselintensität eines Enzyms war also in diesem Fall wesentlich höher als die der anderen Eiweißkörper.

In den letzten Jahren wurde von verschiedenen Autoren gezeigt, daß die Umsatzgeschwindigkeit der Strukturproteine geringer ist als die der anderen Zellproteine. Die Turnover-Rate von Myosin und Actin ist erheblich kleiner als die der andern Muskelproteine (Bidinost). Kollagen ist, zumal bei älteren Individuen, praktisch völlig stoffwechselinert und beteiligt sich nur bei jüngeren in geringem Ausmaße an Austauschprozessen (Neuberger und Mitarbeiter). Bei Zellkernen erfolgt der Einbau markierter Aminosäuren in das Histon, also in das ,,Strukturprotein‘‘, langsamer als in das ,,Residualprotein‘‘, das zu einem wesentlichen Prozentsatz aus Enzymen bestehen dürfte (Daly, Allfrey und Mirsky). Vom Cytochrom c werden im Tag etwa 13% des Bestandes umgesetzt, gegenüber 1% beim Hämoglobin (Drabkin). Diese Beispiele zeigen deutlich, daß der Enzymstoffwechsel lebhaft sein muß, und in seiner Intensität den der Strukturproteine und anderer Proteine bei weitem übertrifft.

Über den Umfang der Enzymproduktion im Organismus lassen sich nur Schätzungen anstellen. Eine Überschlagsrechnung ergibt, daß sie beträchtlich sein muß und auf etwa die Hälfte der täglichen Neubildung von Eiweiß zu veranschlagen sein dürfte. Wie erwähnt, beträgt der Gehalt des Pankreas an Verdauungsenzymen rund 2,5%. Nach Aufnahme von Nahrung oder Injektion von Pilocarpin sinkt infolge der Sekretion von Pankreassaft der Enzymgehalt stark ab, um nach etwa 6 Std. wieder auf die Ausgangshöhe, oder sogar noch höher anzusteigen. Nach den Untersuchungen von DALY und MIRSKY werden nach Nahrungsaufnahme bis zu 90% des Enzymbestandes des Pankreas abgegeben. Das wären bei einem 100 g wiegenden Pankreas des Menschen 2 g und mehr. Es ist daher keine übertrieben hohe Schätzung, wenn man die Menge der täglich sezernierten Pankreasenzyme auf 4—5 g veranschlagt. Ebenso läßt sich berechnen, daß von einem Menschen im Tag rund 1 g Amylase im Speichel und 1 g Pepsin im Magensaft abgegeben wird. Insgesamt dürften wohl von einem Menschen täglich 6—8 g Verdauungsenzyme produziert werden.

Wie oben erwähnt wurde, läuft in den Zellen der Enzymstoffwechsel rascher ab als der Stoffwechsel der Strukturproteine. Es erscheint daher berechtigt, wenn man auf Grund dieser Feststellung und des Umstandes, daß in den meisten Zellen der größte Teil des Zelleiweißes sich auf Enzyme beziehen muß, vorsichtig geschätzt für zwei Drittel der Proteinsynthese in den Zellen eine Enzymsynthese verantwortlich macht. Nach den vorliegenden Befunden über den Einbau markierter Aminosäuren in die Proteine ist die tägliche Neubildung von Körpereiweiß beim Menschen auf rund 100 g zu beziffern. Wie die Tab. 12 zeigt, dürfte davon etwa die Hälfte auf Enzymeiweiß entfallen.

Tabelle 12. *Umfang der täglichen Eiweißsynthese beim Menschen.*

| | Enzymeiweiß g | Nichtenzymeiweiß g |
|---|---|---|
| Hämoglobin . . . | | 8 |
| Plasmaeiweiß . . | | 22 |
| Leber . . . . . . | 15 | 8 |
| Verdauungstrakt | 8 | |
| Rest des Körpers | 26 | 13 |
| Summe . . . . . | 49 | 51 |

Nach Untersuchungen in vitro über den Einbau von markierten Aminosäuren sind grundsätzlich alle Strukturelemente der Zellen zur Knüpfung von Peptidbindungen und daher wahrscheinlich auch zur Synthese von Eiweiß befähigt. Wo die Enzyme gebildet werden, ob im Zellkern, in den Mitochondrien oder im Cytoplasma der Zelle, ist unbekannt. Ein großer Teil der Enzyme

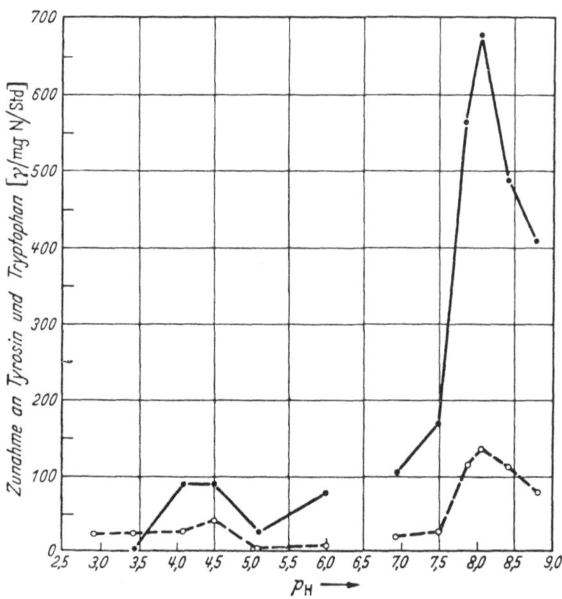

Abb. 1. pH-Aktivitätskurve der Proteinasewirkung von Zellkernen (————) und des Cytoplasmas (--------) von Schweinepankreas.

dürfte wohl kaum im Zellkern gebildet werden, zum mindesten nicht die Enzyme der biologischen Oxydation. Sorgfältig hergestellte Zellkerne lassen jede Aktivität an diesen Enzymen vermissen. Ihre Bildung an den Mitochondrien, also am Ort ihrer Tätigkeit, erscheint durchaus möglich. Dabei ist denkbar, daß es sich um keine Neusynthese im eigentlichen Sinne des Wortes handelt, sondern um einen Austausch eines Bausteins nach dem anderen. Andere Enzyme mögen im Cytoplasma, das ja auch zur identischen Reduplikation befähigte Systeme enthält, aufgebaut werden.

Ein Teil der Enzyme wird jedoch im Zellkern synthetisiert. Man kann dies dann vermuten, wenn im Zellkern Enzyme in einer Konzentration angetroffen werden, welche die in den anderen

Zellelementen bei weitem übersteigt, und das Enzym im Zellkern offensichtlich keine Funktion auszuüben hat oder auch nicht ausüben kann, weil es entweder in einer inaktiven Form vorliegt oder die Bedingungen für die Wirkung nicht gegeben sind.

Dies trifft nach unseren Untersuchungen (LANG, SIEBERT und Mitarbeiter) für die Verdauungsenzyme des Pankreas zu. Trypsin hat im Zellkern eine etwa fünfmal so hohe Konzentration wie im Cytoplasma und liegt in praktisch inaktiver Form vor. Das Zellkerntrypsin des Pankreas gewinnt seine Aktivität erst nach Abspaltung des Inhibitors durch Enterokinase (Abb. 1). In einer recht hohen Aktivität findet man die Lipase im Zellkern (Abb. 2) (Test: Spaltung von Phenolphthaleindibutyrat). Die Enzymkonzentration im Zellkernextrakt übertrifft hier die des Cytoplasmas ganz beträchtlich. Nicht so stark ausgeprägt,

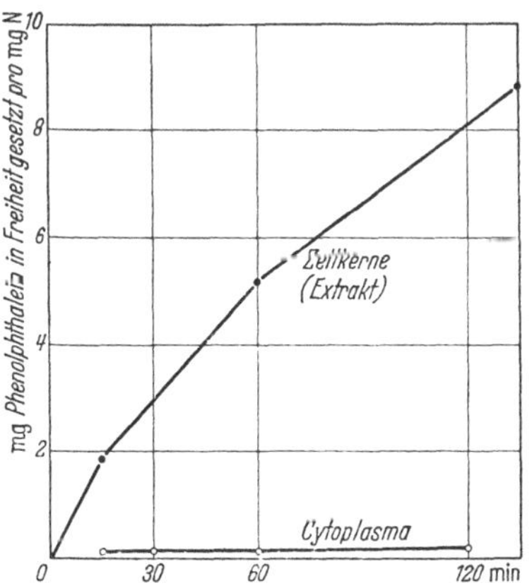


Abb. 2. Spaltung von Phenoldibutyrat durch Zellkernextrakt und Cytoplasma von Schweinepankreaszellen.

aber immer noch deutlich ist die höhere Amylasekonzentration im Pankreaszellkern als im Cytoplasma. Die erwähnten Befunde sind kaum anders zu interpretieren, als daß diese Enzyme tatsächlich im Zellkern gebildet werden. Man darf sogar verallgemeinernd sagen, daß wohl generell die Sekretionsenzyme im Zellkern synthetisiert werden. Hier muß es sich um eine echte Synthese handeln, da die entstandenen Enzyme ja nach außen abgegeben werden. Unsere Feststellungen decken sich mit den morphologischen Befunden. Schon HEIDENHAIN hatte beobachtet, daß bei der Sekretion von Verdauungsenzymen Granula aus der Zelle abgegeben werden. Der Weg solcher Granula vom Nucleolus bis zur Zellmembran wurde unlängst von ALTMANN und MENY eingehend beschrieben.

Ein anderes Beispiel für eine Enzymsynthese im Zellkern ist die Arginase der Leber. Auch hier findet man das Enzym im Zellkern in einer die in den anderen Teilen der Zelle bei weitem übertreffenden Konzentration, ohne daß das Enzym im Zellkern eine nennenswerte Funktion auszuüben imstande wäre. Eine ausführliche Begründung wurde von LANG unlängst gegeben.

Noch schlechter als über die Biosynthese der Enzyme ist man über ihren Stoffwechsel unterrichtet. Die in den Verdauungskanal sezernierten Enzyme werden praktisch vollkommen zerstört. In den Faeces ist kaum noch etwas von ihnen enthalten. Auch der Umfang ihrer Resorption ist nach den im Blut feststellbaren Aktivitäten außerordentlich gering. Wie ihre Zerstörung erfolgt, ob enzymatisch oder durch die Darmbakterien, ist unbekannt. Bemerkenswerterweise ist die Ausscheidung von Aminosäuren in den Faeces weitgehend konstant und praktisch unabhängig von der Art des verfütterten Nahrungseiweiß. Vielleicht hängt dieser Umstand mit dem Schicksal der Verdauungsenzyme im Darm zusammen.

Über das Verhalten der intracellulären Enzyme im Stoffwechsel ist man überhaupt nicht orientiert. Jedem, der Untersuchungen über den Gewebsstoffwechsel durchführt, ist es wohlbekannt, daß bei Versuchen in vitro, vor allem dann, wenn die Zellstrukturen zerstört sind, viele Enzyme rasch inaktiv werden, während andere sich in Extrakten, Homogenaten und dergleichen lange aktiv erhalten (z. B. die d-Aminosäureoxydase und die Prolinoxydase). Für die Inaktivierung von Fermenten in Homogenaten und Extrakten lassen sich eine Reihe von Faktoren verantwortlich machen, die vermutlich auch — wenn auch nicht so intensiv — auf die Enzyme in der lebenden Zelle einwirken wie Oxydation von SH-Gruppen, Oxydation von Tyrosingruppen durch die Tyrosinase (SIZER und Mitarbeiter), die in allen Gewebspräparationen immer ablaufende Proteolyse und vor allem die Zerstörung von Coenzymen. Bei unzerstörter Organstruktur sind viele Enzyme lange Zeit beständig, insbesondere wenn die Organe bei tiefer Temperatur aufbewahrt werden. Nach 4 Wochen Aufbewahrung bei 2° wurden im Muskel Glykolyse, ATP-Spaltung und Bernsteinsäureoxydation in unverändertem Ausmaße gemessen (ANDREWS und Mitarbeiter). In der Literatur der Nahrungsmittelchemie sind viele weitere Beispiele zu finden.

Die Frage, ob und in welchem Umfange Enzyme bei ihrer Wirkung verbraucht werden, läßt sich nicht beantworten.

In dem bisher Gesagten wurden nur die Fermentproteine behandelt. Eine erschöpfende Behandlung des gestellten Themas

müßte auch den Stoffwechsel der abdissoziierbaren Cofermente
einschließen. Über diese Frage ist wesentlich mehr bekannt als
über den Stoffwechsel der Fermentproteine. Sie soll daher in
diesem Referat auch nur gestreift werden. Daten über den
Coenzymgehalt der Organe liegen reichlich vor. Wie die Tab. 13
zeigt, bewegt sich die Konzentration der Codehydrasen in den
Organen zwischen etwa 200 und 500 Mikromolen im kg Frischgewicht. Flavin-adenindinucleotid findet sich in den Organen
in Konzentrationen von 1—4 Mikromolen pro kg Frischgewicht.

Tabelle 13. *Der Gehalt der Organe an Codehydrogenasen.*
Die Werte beziehen sich auf das Frischgewicht.

| Organ | DPN + TPN $\gamma$/g | DPN + TPN Mikromole/kg |
|---|---|---|
| Muskel. . . . . . . . . . . | 280 | 420 |
| Leber . . . . . . . . . . . . | 245 | 370 |
| Niere . . . . . . . . . . . | 200 | 300 |
| Herz . . . . . . . . . . . . | 190 | 290 |
| Körperdurchschnitt . . . . . . | 150 | 230 |
| Gehirn verschiedener Tierarten . | 100—130 | 150—500 |

Der Gehalt eines Organs von 1% Apodehydrogenasen entspricht 100 Mikromolen pro kg. Die Codehydrogenasen sind also
nicht in einem so großen Überschuß in den Organen enthalten, wie
man früher für die Funktion für notwendig erachtete. Dies ist
dadurch bedingt, daß der größte Teil der Pyridinproteide in den
Mitochondrien strukturgebunden enthalten ist und daß dort
auch die Codehydrogenasen strukturgebunden sind, so daß die
in Lösung gemessenen Verhältnisse bezüglich der Dissoziation
der Pyridinproteide in vivo nicht zutreffen.
Die Biosynthese der Cofermente bereitet dem Organismus
keine Schwierigkeiten, vorausgesetzt, daß das für den Aufbau
des betreffenden Coenzyms benötigte Vitamin (Nicotinsäure,
Lactoflavin, Aneurin, Pantothensäure, Pyridoxal usw.) in genü-
gender Menge zur Verfügung steht. Es ist sattsam bekannt,
daß durch Mangel an den betreffenden Vitaminen der Umfang
der Synthese der Coenzyme verringert wird. Ebenso wie der
Organismus zur Synthese der Coenzyme befähigt ist, ist er es
auch zu ihrer Spaltung. Am besten bekannt sind gegenwärtig
die Verhältnisse bei den Codehydrogenasen und den Flavin-
nucleotiden. Vor allem durch die Arbeiten von KORNBERG sind

zwei verschiedene, beim Stoffwechsel dieser Coenzyme beteiligte Enzyme näher charakterisiert worden: die DPN-Nucleosidase (bzw. TPN-Nucleosidase) und die Nucleotidpyrophosphatase. Ihre Wirkungsart geht aus dem Schema hervor:

$$
\begin{array}{ccc}
\text{Nicotinsäureamid} & & \text{Adenin} \\
\text{DPN-Nucleosidase} \;\; \rule{2em}{0.4pt}\!\!\!+\!\!\!\rule{2em}{0.4pt} & & | \\
\text{Ribose} & & \text{Ribose} \\
| & & | \\
\underset{HO}{\overset{O}{\diagdown}}\!P & |\!-\!O\!-\!-\!-\!P\!\!\underset{OH}{\overset{O}{\diagup}} \\
& \text{Nucleotid-Pyrophosphatase}
\end{array}
$$

Entsprechende Enzyme sind auch für die Spaltung der Flavinnucleotide aufgefunden worden. Die Bedeutung dieser Spaltungsreaktion liegt unter anderem in der Richtung, daß die Spaltprodukte einen Einfluß auf den Stoffwechsel gewinnen. Die DPN-Nucleosidase wird durch das anfallende Nicotinsäureamid stark gehemmt. Die Konzentration an freiem Nicotinsäureamid steuert daher die Synthese oder Spaltung der Codehydrogenasen und damit auch in gewissen Umfange die Intensität der bei der biologischen Oxydation beteiligten Prozesse.

Die Codehydrogenasen spaltenden Enzyme haben sich in besonders hoher Aktivität in den Erythrocyten und im Gehirn nachweisen lassen. Nach McILWAIN und Mitarbeitern kann 1 mg Gehirntrockensubstanz in der Stunde bis zu 1,56 Mikromolen DPN spalten. Derart hohe Umsätze werden jedoch nur nach Zerstörung der Zellstruktur gefunden. Es ist daher schwer abzuschätzen, in welchem Umfange diese Reaktion in vivo abläuft.

## Zusammenfassung.

Wenn auch unsere Kenntnisse über die Biologie der Fermente noch sehr gering sind und exakte Unterlagen zumeist fehlen, so erlauben doch die in diesem Referat angeführten Tatsachen die folgenden Schlüsse:

1. Der Enzymbestand der Zellen ist groß. Er macht vermutlich den gesamten, nicht auf Struktureiweiß entfallenden Eiweißbestand aus.

2. Das Enzymeiweiß wird rasch umgesetzt.

3. Ein hoher Prozentsatz, schätzungsweise die Hälfte des täglich umgesetzten Eiweiß entfällt auf den Stoffwechsel der Enzyme.

4. Bildungsort der Sekretionsenzyme ist vermutlich der Zellkern.

## Literaturverzeichnis.

ALBAUM, H. G., and L. G. WORLEY: J. of Biol. Chem. **144**, 697 (1942).

ALTMANN, W. H., u. R. MENY: Naturwiss. **39**, 138 (1952).

ANDREWS, M. M., B. T. GUTHNECK, B. H. McBRIDE and B. S. SCHWEIGERT: J. of Biol. Chem. **194**, 715 (1952).

ANFINSEN, C. B.: J. of Biol. Chem. **185**, 827 (1950).

ANFINSEN, C. B., and D. STEINBERG: J. of Biol. Chem. **189**, 739 (1951).

BIDINOST, L. E.: J. of Biol. Chem. **190**, 423 (1951).

DALY, M. M., V. G. ALLFREY and A. E. MIRSKY: J. Gen. Physiol. **36**, 173 (1952).

DALY, M. M., and A. E. MIRSKY: J. Gen. Physiol. **36**, 243 (1952).

DAVIES, B. M. A., and J. YUDKIN: Biochemic. J. **52**, 407 (1952).

DHUNGAT, S. B., and A. SREENIVASAN: J. of Biol. Chem. **197**, 830 (1952).

DRABKIN, D. L.: Proc. Soc. Exper. Biol. a. Med. **76**, 527 (1951).

GORDON, M. W., and M. RODER: J. of Biol. Chem. **200**, 859 (1953).

GORE, M., F. IBBOTT and H. McILWAIN: Biochemic. J. **47**, 121 (1951).

GROSSMAN, M. I., H. GREENBERG and A. C. IVY: Amer. J. Physiol. **138**, 676 (1943).

HOKIN, L. E.: Biochemic. J. **48**, 320 (1951); **50**, 216 (1951); Biochim. Biophysica Acta **8**, 225 (1952).

KNOX, W. E.: Biochemic. J. **53**, 379 (1953).

KORNBERG, A., and O. LINDBERG: J. of Biol. Chem. **176**, 665 (1948).

KORNBERG, A., and W. E. PRICE JR.: J. of Biol. Chem. **182**, 763 (1950); **189**, 123 (1951); **193**, 481 (1951).

LANG, K.: Tagung der Gesellschaft für Physiologische Chemie Hamburg 1952. Ber. ges. Physiol. **154**, 293 (1952/53).

LANG, K., G. SIEBERT u. F. FISCHER: Biochem. Z. **324**, 1 (1953).

LANG, K., G. SIEBERT u. T. FUCHS: Unveröffentlicht.

LEVY, M., and A. H. PALMER: J. of Biol. Chem. **136**, 415 (1940).

LONG, C.: Biochemic. J. **53**, 7 (1953).

MANDELSTAM, J.: Biochemic. J. **51**, 674 (1952).

MANDELSTAM, J., and S. YUDKIN: Biochemic. J. **51**, 681, 686 (1953).

McILWAIN, H.: Nature (Lond.) **163**, 641 (1949).

McILWAIN, H., and R. RODNIGHT: Biochemic. J. **44**, 470 (1949).

MONOD, J., and M. COHN: Adv. Enzymol. **13**, 67 (1952).

NEUBERGER, A., J. C. PERRONE and H. G. B. SLACK: Biochemic. J. **49**, 199 (1951).

NEUBERGER, A., and H. G. B. SLACK: Biochemic. J. **53**, 47 (1953).

REIS, J. L.: Biochemic. J. **48**, 548 (1951).

SIZER, I. W., and C. O. BRINDLEY: J. of Biol. Chem. **185**, 323 (1950).

SIZER, I. W., and J. F. FENNESSEY: J. of Biol. Chem. **188**, 351 (1951).

STADIE, W. C., and J. B. MARSH: J. Clin. Invest. **26**, 899 (1947).

STEINBERG, D., and C. B. ANFINSEN: J. of Biol. Chem. **199**, 25 (1952).

VIRTANEN, A. I.: Ann. Med. Exper. Biol. fenn. **30**, 234 (1952).

VIRTANEN, A. I., u. U. WINKLER: Acta chem. scand. **3**, 272 (1949).

## Diskussion.

FELIX: Wir müssen Herrn LANG ganz besonders dankbar sein, daß er die umfangreiche Literatur über die Fermente von diesem speziellen biologischen Gesichtspunkt aus zu einem so klaren Referat verarbeitet hat.

AMMON (Homburg/Saar): Aus methodischen und prinzipiellen Gründen glaube ich auch nicht an die Abwehrfermente. Es lassen sich gegen die Methode und ihr Prinzip Bedenken erheben. Das Eiweiß (z. B. Placentaeiweiß) muß durch Kochen von begleitenden Aminosäuren befreit werden, wobei es stark denaturiert wird. An sich soll man aber auf genuines Placentaeiweiß prüfen; wir vergleichen also zwei ganz verschiedene Substrate miteinander. Außerdem haben wir in dem Placentapulver nicht nur das spezifische Placentaeiweiß in der Hand, sondern auch das des Bindegewebes. Gegen das der Reaktion zugrundeliegende Prinzip ist folgendes einzuwenden: Wenn man einem Kaninchen Saccharose spritzt, dann findet man regelmäßig nach einigen Tagen Saccharase in seinem Harn. Diese Reaktion ist bei älteren Kaninchen eindeutig; bei jüngeren fällt sie zweifelhaft aus, weil diese schon normalerweise eine Saccharase ausscheiden. Wenn die Saccharase im Harn älterer Kaninchen zunimmt, so ist das m. E. die Folge einer adaptiven Enzymbildung und nicht Ausdruck einer Abwehrreaktion. Ein anderes Beispiel ist die Tropinesterase. Dieses interessante Ferment, das Atropin spaltet, kommt nicht in jedem Kaninchen vor, ist aber vererbbar. Bei den Kaninchen, die es nicht besitzen, können wir es auch durch langdauernde Atropinzufuhr nicht hervorrufen; ohne weiteres dagegen bei Kaninchen, die Tropinesterase auf Grund ihres Erbgutes in ihrem Organismus zu erzeugen imstande sind.

MERTEN (Mainz): Ich habe die Methode zur Bestimmung der Abwehrfermente bei ABDERHALDEN gelernt und sie 8 Jahre lang ausgeführt. Folgender Versuch scheint mir doch für ihre Existenz zu sprechen. Wir haben Kaninchen das Eiweiß von Tuberkelbacillen und von Diphtheriebacillen sowie das von Bindegewebe und verschiedenen Organen einverleibt. Der Harn eines mit Diphtherietoxin behandelten Tieres baut kein Tuberkelbacilleneiweiß oder anderes Eiweiß ab oder nur in ganz geringem Umfang, soweit er Urotrypsin enthält. Sehr stark baut er aber das Diphtheriebacilleneiweiß ab. Umgekehrt wird das Diphtheriebacillensubstrat nicht abgebaut, wenn man zuvor reines Tuberkelbacilleneiweiß injiziert hat. Offenbar hat hier ein weitgehend homogenes Eiweißsubstrat eine Reaktion im Sinne der positiven Abderhalden-Reaktion hervorgerufen. Allerdings fielen bei den meisten Untersuchungen die Ergebnisse sehr ungleich aus. Der Schwangerschaftsnachweis ist ein sehr schlechtes Beispiel für die ABDERHALDENsche Reaktion. Besser gelingen die Versuche bei Organkrankheiten. Für die klinische Diagnostik sind wir deswegen nicht weiter gekommen, weil wir diese feinen Abbaugrößen nicht erfassen können und weil es schwierig ist, reine Eiweißsubstrate herzustellen.

BÜCHER (Hamburg): Darf ich Herrn MERTEN noch folgendes fragen: Nach der ABDERHALDENschen Vorschrift für die Ausführung der Abwehrreaktion muß dem Test Trypsin zugesetzt werden; oder geht die Reaktion auch, ohne daß man durch ein proteolytisches Ferment aktiviert? Was versteht man eigentlich unter Organeiweiß? Aus dem Referat von Prof. LANG geht hervor, daß der größte Teil des Eiweißes einer Zelle aus Fermenten besteht. Wird nun also jedes einzelne Ferment, z. B. einer Nierenzelle, durch das Abwehrferment abgebaut, die Fermente des Muskels aber nicht? Im Stroma einer Zelle können organspezifische Eiweißkörper vorkommen. Aber in der Literatur ist nichts darüber angegeben, daß die gleichen Fermente in den einzelnen Organen verschieden sind.

MERTEN: In der Originalmethode von ABDERHALDEN wird niemals Trypsin benutzt; lediglich MALL und BERSIN haben es als angeblichen Aktivator für gereinigte Abwehrproteinasen eingeführt. Vielleicht ist das Organeiweiß nicht so einheitlich wie ein Eiweiß aus Bakterien, die man auf künstlichen Nährböden gezüchtet hat. Aber es war doch ganz eigenartig, daß nach Unterbindung der Nieren oder nach Injektion denaturierter Eiweißkörper der Niere Muskeleiweiß nie stark abgebaut wurde, dagegen wohl Eiweiß aus parenchymatösen Organen wie Leber und Niere. Am stärksten wurde aber immer Niereneiweiß abgebaut. Diese Befunde erscheinen mir nicht so negativ, daß die ABDERHALDENsche Reaktion ganz abzulehnen wäre.

HOLZER (München): Ich wollte zur Frage der geschwindigkeitsbestimmenden Faktoren noch etwas bemerken. Nach der von Prof. LANG vorgetragenen Ansicht sind es nicht die Fermentproteine, die die Geschwindigkeit bestimmen, sondern andere Faktoren wie Diffusion oder Hemmstoffe. Diese Annahme läßt sich mit den $Q_{O_2}$-Werten entscheiden, die man an isolierten Fermenten einerseits und an intakten Schnitten usw. andererseits mißt. Ich glaube, man kann die Diffusionsvorgänge hier aus folgenden Gründen ausschließen: Einmal beträgt der Temperaturkoeffizient der Sauerstoffaufnahme eines Gewebes für 10° etwa 2—3, also ebensoviel wie bei chemischen oder enzymatisch katalysierten Reaktionen, Diffusionsvorgänge besitzen dagegen einen Temperaturkoeffizienten von 1. Nachdem der Temperaturkoeffizient einer Stoffwechselgröße derjenige des geschwindigkeitsbestimmenden Vorgangs ist, wie man aus der Kinetik weiß, muß also der geschwindigkeitsbestimmende Vorgang selbst ein solcher mit einem Temperaturkoeffizienten von 2—3 sein, und er kann nicht die Diffusion sein. Ich möchte annehmen, daß doch die Proteine die Geschwindigkeit bestimmen, und zwar deshalb, weil sie in den intakten Geweben und Schnitten nicht unter optimalen Bedingungen arbeiten, insbesondere nicht bezüglich der Substratkonzentration, die wesentlich niedriger ist als in isolierten Systemen; dann muß auch auf Grund der Michaelis- und Menten-Beziehung die Reaktionsgeschwindigkeit niedriger sein. Ferner hängt der Gesamtdurchsatz einer Reaktionskette von dem Protein mit der geringsten Wirkungsgröße ab. Bei dem schnellen Vorbeiziehen der Bilder ist mir aufgefallen, daß die $\alpha$-Ketoglutarsäureoxydase im destruierten Gewebe tatsächlich einen sehr niederen $Q_{O_2}$-Wert hat. Da nun ihre Oxydation im Hauptweg der Atmung liegt, könnte sie irgendwelche größeren Durchsätze verhindern, auch wenn sehr viel Triosephosphatdehydrogenase usw. vorhanden ist.

LANG: Das sind Argumente, denen man sich nicht verschließen kann. Mir kam es nur darauf an, zu zeigen, daß man sehr zwischen den tatsächlichen Stoffwechselverhältnissen und den potentiellen unterscheiden muß; und ich nehme gern zur Kenntnis, daß man bei der biologischen Oxydation weniger an Diffusionsvorgänge als an die Substratkonzentrationen zu denken hat.

HELMREICH (München): Zu der Tatsache, daß im allgemeinen die Enzymbesetzung einer Zelle nicht der limitierende Faktor für den Stoffwechsel ist, möchte ich als Beispiel die Krebszelle anführen. Aus genetischen Ursachen scheint sie nicht genügend Häminfermente der Atmung bilden zu können und deswegen als Gegenregulation zu versuchen, ihre Energie aus der aeroben Glykolyse zu gewinnen, wobei interessant ist, mit welch winzigen, relativ geringen Energiebeträgen eine schnell wachsende Krebszelle noch auskommen kann, wie WARBURG und Mitarbeiter auf Grund der geringen Glucosekonzentration, die normalerweise in einer aktiven Zelle vorliegt, nachgewiesen haben.

BRUNS (Heidelberg): Es scheint sehr auf das Puffersystem anzukommen, welches man bei den entsprechenden Testen verwendet. Wie CORI gefunden hat, limitiert bei vielen Geweben die Hexokinase die Glykolyse. Es ist aber zweifellos möglich, die Aldolase zum limitierenden Faktor zu machen, indem man die Wasserstoffionenkonzentration erhöht (etwa auf $p_H$ 6,8—7,0). Da Borat mit vielen biologischen Substanzen, die benachbarte OH-Gruppen haben, Komplexe bildet, können mit ihm gewisse hemmende Faktoren eliminiert und dadurch andere Reaktionen gefördert werden. Zum Beispiel bildet Fructose-1,6-diphosphorsäure einen solchen Komplex. Alle Befunde, die mit der Aldolase bisher gewonnen wurden, und bei denen Borat verwendet wurde, sind deshalb nicht hieb- und stichfest.

LANG: Diese Dinge sind mir zum großen Teil bekannt; ich habe sie bei der Auswahl der Werte, die ich berechnet habe, schon berücksichtigt und dabei nach bestem Wissen und Gewissen nur die einwandfreien Daten verwertet. Diejenigen, bei denen ich methodische Bedenken hatte, wurden weggelassen.

HOFFMANN-OSTENHOF (Wien): Die Enzymmenge in der Hefe wurde zuletzt von VIRTANEN 1939 berechnet. Inzwischen sind nun eine ganze Anzahl neuer Fermente bekannt geworden. Bei einer erneuten Berechnung kam ich zu dem Ergebnis, daß man bei einer Addition aller bekannten Fermente 180% des tatsächlichen Eiweißbestandes einer Hefezelle erhält. Vielleicht weist dies doch darauf hin, daß Fermente eine mehrfache Spezifität haben können.

LANG: Ich habe versucht, für dieses Referat das auch für die Hefe auszurechnen, habe es jedoch nicht zu Ende geführt, weil es mir darauf ankam, die Verhältnisse beim Säugetierorganismus und beim Menschen herauszustellen. Aber ich bin nicht zu so hohen Zahlen gekommen.

HARDEGG (Heidelberg): Acetylcholin kann die Aktivität der Cholinesterase in einem geradezu enormen Ausmaß hemmen; so möchte ich die Frage zur Diskussion stellen, ob sich der Stoffwechsel nicht unter Umständen teilweise durch Selbsthemmung reguliert.

LANG: Dies erscheint mir außerordentlich unwahrscheinlich, weil vor allem auch die Substratkonzentrationen in den Zellen im allgemeinen sehr gering sind, und zwar viel geringer, als wir gemeinhin annehmen. Vielleicht kommt eine solche Hemmung in Ausnahmefällen vor, ist aber nicht die Regel. Anders kann der Fall bei pharmakologisch stark wirksamen Substanzen liegen. Wir haben ja hier im allgemeinen mehr die Natur der Prozesse betrachtet, die mengenmäßig eine größere Rolle spielen.

WALLENFELS (Tutzing): Muß man nicht an die Möglichkeit denken, daß aus einer potentiellen Vorstufe in Gegenwart eines bestimmten Substrates ein bestimmtes Enzym adaptiv gebildet wird, etwa nach der Art, wie MONOD es für die $\beta$-Galaktosidase bei einer Colimutante gezeigt hat, daß es eine im serologischen Test von dem Enzym nicht unterscheidbare Eiweißkomponente gibt, die in Gegenwart des Substrates dann in das eigentliche Protein übergeht. Die Vorstufe hat noch keine fermentativen Eigenschaften, ist aber serologisch vom Enzym nicht zu unterscheiden. Durch die Inkubation mit Galaktose oder einem geeigneten Induktor wird sie dann zum Enzym. Jetzt ist die Frage, ob nicht ein gewisser Teil der Enzyme auf diesem Wege erst im Moment der Notwendigkeit durch das Substrat induktiv gebildet werden kann. Das würde Zahlen, wie sie Herr HOFFMANN-OSTENHOF eben anführte, erklären. Durch die Anordnung des Versuches ändert man schon die Bedingungen und schafft in der Zelle künstlich mehr Enzyme.

LANG: Ich bin durchaus dieser Auffassung, habe es vielleicht aber nicht so prägnant gesagt.

WALLENFELS: Die Frage ist nur, kommt das Enzym aus dem „Pool" oder kommt es aus der Vorstufe in dem YUDKINSCHEN Schema.

Ich glaube, daß das Enzym nicht unmittelbar aus dem „Pool" kommt, sondern daß eine Vorstufe dazwischengeschaltet ist, und daß das nicht nur für die Enzyme zutrifft, sondern generell bei jeder Eiweißsynthese der Fall sein dürfte.

HOFFMANN-BERLING (Tübingen): Für die Hemmung eines Ferments durch das Substrat gibt es ein sehr instruktives Beispiel. Das ist das System Adenosintriphosphatase-Actomyosin. Physiologischerweise wird die ATP-Konzentration im Muskel nicht über ein Hundertstel molar gefunden. Bei dieser Konzentration wird, wenn noch ein hemmender Faktor zugegen ist, die Adenosintriphosphorsäure spaltende Wirkung von Actomyosin praktisch vollkommen gehemmt und der Muskel kontrahiert sich nicht. Wenn die ATP-Konzentration absinkt, z. B. nach dem Tode, dann unterschreitet die Konzentration eine kritische Grenze und es setzt unter Umständen sehr rasch eine Spaltung und damit auch eine Kontraktion ein. Das erklärt z. B. auch die Kontraktion des Muskels kurz vor Eintritt der Totenstarre. Der gleiche Vorgang ist vermutlich auch in den gewöhnlichen Zellen wirksam. Man kann nämlich die Zellen in ganz ähnlicher Weise extrahieren und daraus Modelle herstellen wie aus Muskeln. Diese Modelle sind dann unter ATP kontraktil und in diesen Modellen ist ein Faktor enthalten, der in jeder Hinsicht, in seiner Empfindlichkeit gegen Gifte und Ionen usw., genau so reagiert wie der Hemmfaktor im Muskel. Es können also die Verhältnisse des Modells sehr wahrscheinlich bis in Einzelheiten auf die Zelle übertragen werden.

Darf ich noch auf die vorhergehende Bemerkung von Herrn WALLENFELS zurückkommen. Ich halte es durchaus für möglich, daß es für manche Fermente eine gemeinsame Vorstufe gibt. Andererseits sind die Aminosäurenanalysen einiger Hefefermente doch so charakteristisch verschieden, daß es für diese nicht sehr wahrscheinlich ist, daß sie aus derselben Vorstufe bzw. aus demselben Pool entstehen. Leider sind die Aminosäureanalysen noch nicht genügend zahlreich, um daraus endgültige Schlüsse ziehen zu können.

WALLENFELS: Es ist denkbar, daß aus dem Pool oder aus der Vorstufe je nach Variation der Aminosäuren das eine oder das andere gebildet werden kann, so daß es nicht unbedingt erforderlich ist, daß die Vorstufe und das Fermentprotein den gleichen Aminosäureaufbau haben müssen.

HOFFMANN-OSTENHOF: Sie sagten aber, immunologisch vielleicht gleichartig.

WALLENFELS: Ja, nachgewiesen ist es nur für die $\beta$-Galaktosidase von Coli. Mehr kann man noch nicht sagen.

STAUDINGER (Mannheim): Welche Bedeutung haben die hohen Umsatzzahlen der Fermente? Gibt es einen Verschleiß der Fermente bei ihrer Funktion?

LANG: Diese Frage habe ich eigentlich in meinem Referat schon gestreift. Es ist ein sehr interessantes Gebiet, aber ich habe trotz aller Mühe keinerlei Unterlagen hierüber gefunden.

ZAHN (Frankfurt/M.): Vielleicht gibt es da einen vagen Hinweis. WARBURG und BÜCHER haben festgestellt, daß durch CO gehemmte Cytochromoxydase nicht nur durch Licht von Wellenlängen reaktiviert wird, das vom Häminanteil absorbiert wird, sondern auch von solchem, das vom Eiweiß absorbiert wird. Vielleicht zerfällt das Eiweißmolekül in dem angeregten Zustand, in den es durch das Licht gerät, leichter.

LENDLE (Göttingen): Ich möchte zur Sekretion etwas fragen. Man kann die Sekretion pharmakologisch durch Gifte hemmen oder fördern, und es würde mich interessieren, ob die Fermentbildung ebenfalls durch diese Gifte beeinflußt wird. Mir ist nichts darüber bekannt. Sollte also nur die Permeabilität geändert werden, daß in so kurzer Zeit die Fermente so stark ausgeschüttet werden, oder werden einfach mehr Fermente aus Bindungen freigesetzt?

AMMON: Vielleicht darf ich dazu etwas sagen. Bei unseren Arbeiten über die Abwehrsaccharase haben wir uns gefragt, was mit ihr passiert, wenn wir dem Tier, das Saccharose bekam, gleichzeitig Atropin geben, so daß dann vielleicht weniger Ferment in das Darminnere sezerniert wird. Unter diesen Bedingungen wurde beim atropinisierten Tier trotz Saccharosezufuhr ihre Ausscheidung unterdrückt.

**WALLENFELS**: Wird die von Ihnen sog. „Abwehrsaccharase" auch durch andere Zucker induziert, also beispielsweise durch Fructose?

**AMMON**: Ich weiß es noch nicht; wir überprüfen z. Z. die Frage experimentell.

**WALLENFELS**: Wenn es nämlich ein adaptiver Prozeß wie bei den Bakterienenzymen wäre, dann müßte man erwarten, daß Fructose bzw. Glucose, je nachdem, welche Gruppe von der Saccharase des Säugetiers übertragen wird, ebenfalls induktive Eigenschaften haben.

**DECKER** (München): Zu der Frage des Mechanismus der adaptiven Bildung von Fermenten können vielleicht folgende Befunde beitragen. Im Referat wurde erwähnt, daß kleine Penicillinmengen in Mikroorganismen die Bildung der Penicillinase induzieren. Hierbei hat sich herausgestellt, daß durch diese kleinen Penicillinmengen anscheinend eine bestimmte Menge eines Katalysators gebildet wird, der die Fermentbildung in konstanter Geschwindigkeit katalysiert, und zwar unabhängig von dem Wachstum der gesamten Kultur. Wenn man das Penicillin kurz einwirken läßt und dann durch Penicillinase zerstört, so stellt man fest, daß Penicillinase unabhängig von der Vermehrung der gesamten Kultur nachgebildet wird.

**LANG**: Meine Damen und Herren, wenn man in einem schwachen Hause sitzt und der Wettersturm braust heran, dann denkt man an zwei Möglichkeiten, daß das ganze Haus einfällt oder daß bloß Verzierungen abgebrochen werden. Ich habe auf Grund der Diskussion den Eindruck, daß das Haus stehengeblieben ist und nur so einige Verzierungen abgebrochen worden sind.

# Proteine als Träger der Fermentwirkung

Von

THEODOR BÜCHER

*Aus dem Physiologisch-Chemischen Institut der Universität Hamburg.*

Mit 12 Textabbildungen und 1 Tafel.

> „Die Proteine bilden nicht allein einen ganz erheblichen
> Teil des menschlichen Protoplasmas, sondern sie scheinen
> auch das Material zu sein, aus dem der Organismus seine
> wunderbarsten Agenzien, die Fermente oder Enzyme
> herstellt."
>
> (EMIL FISCHER, 1907, Faraday Lecture[1]).

1926, zu einer Zeit, in der die Frage nach der substantiellen
Natur der Fermente unklareren Aspekt als je zuvor gewonnen
hatte[4, 5], kristallisierte JAMES SUMNER aus Schwertbohnen ein
Globulin mit extrem hoher ureatischer Wirksamkeit. Aus einer
umsichtigen Analyse zog er den Schluß, das Protein, welches er
kristallin und umkristallisiert[6] in seinen Händen hielt, sei das
eigentliche katalytisch wirksame Agens der Harnstoffspaltung.

Mit dieser Entdeckung begann eine neue Epoche der Fermentchemie. Der Fund SUMNERs wurde durch NORTHROP und seinen
Arbeitskreis[7, 8] erweitert und schließlich in aller Welt eine ständig
steigende Zahl weiterer intra- und extracellulärer Proteine mit
den mannigfaltigsten Fermentwirkungen in kristallisierter Form
gewonnen*.

So entwickelte sich aus alten Anschauungen und nach erstaunlichen Umwegen die Proteintheorie der Fermentwirkung.

Die Theorie wurde anfangs von weiten Kreisen mit Skepsis aufgenommen, und man darf sagen, daß die Zurückhaltung bis zu
diesen Tagen nicht völlig aufgegeben worden ist. Dies geschah und
geschieht nicht aus unsachlichen Motiven. Anders nämlich als
auf dem zweiten Hauptweg der Fermentforschung, der durch die

---

* Eine Zusammenstellung der bis zum Jahre 1946 kristallisierten Fermente findet sich in dem Werk von NORTHROP-KUNITZ-HERRIOTT[7].

Stichworte „prosthetische Gruppe" und „Co-Ferment" gekennzeichnet ist, brachte die Proteintheorie zunächst keinen einleuchtenden Einblick in den Mechanismus des erstaunlichen Geschehens der Fermentkatalyse.

Auch heute noch ist es ein Risiko, zu diesem gleicherweise interessanten wie wichtigen Problem Schlüssiges auszusagen. Führt uns die Frage, ob Fermente Stoffe von Eiweißcharakter seien, in das Reich der Experimente, so führt uns das Problem, warum sie dies wohl seien, darüber hinaus bis in das Reich der Hypothesen und Spekulationen.

Wenn mir die Aufgabe gestellt ist, die Aspekte der Proteintheorie der Fermente in Ihrem Kreis zu diskutieren, dann bin ich der Meinung, Ihnen auch neuere Ideen, vorwiegend hypothetischen Charakters, nicht vorenthalten zu dürfen. Doch kann dies nicht ohne eine gewisse Sicherung der Basis der Theorie geschehen.

In diesem Sinne werde ich zunächst die wichtigsten (altbekannten) Grundlagen der Proteintheorie, stoffliche und funktionelle, streifen. Danach habe ich die Absicht, einige mit den Begriffen der prosthetischen Gruppe und des Co-Ferments verhaftete Erfahrungen und Probleme darzustellen, um schließlich auf einige Gesichtspunkte der möglicherweise proteingebundenen Effekte im Verlauf der Fermentkatalyse einzugehen.

## Kristallisierte Fermente.

Beschäftigen wir uns zunächst mit der Frage, inwieweit die Gewinnung kristallisierter Fermentpräparate als Argument für die Proteintheorie der Fermentwirkung gelten kann. Wir schließen dabei den Effekt der „unechten" Kristallisation, die Bildung eines lediglich zweidimensionalen Ordnungszustandes, wie er vorzüglich bei langgestreckten Proteinmolekülen auftritt, aus.

Bereits in den Händen der ersten Untersucher hat sich gezeigt, daß die Bildung von Kristallen kein hinreichendes Argument für die Einheitlichkeit eines Proteins ist. Auch nach wiederholten Umkristallisationen lassen sich die Kristallisate mit verschiedenen physikalischen Methoden in mehrere Komponenten zerlegen. Die Abb. 1 und 2 geben Beispiele für in dieser Hinsicht besonders wirksame Verfahren. Offenbar bedeutet die Kristallisierbarkeit bei der Größe des Molekulargewichts und der Vielzahl von

Bausteinen der Proteine nicht völlige Identität aller Elementar-
körper des Kristalls*.

Es ist jedoch beim derzeitigen Stand der Erkenntnis ungerecht-
fertigt, aus diesen Verhältnissen zu weitgehende Folgerungen zu

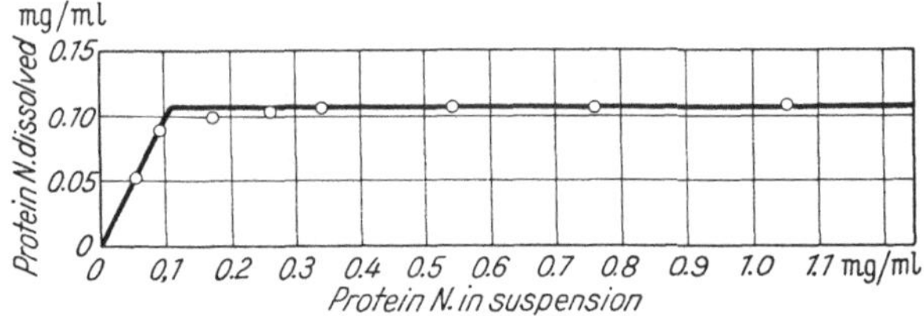


Abb. 1. Löslichkeit dreimal kristallisierter Ribonuclease in 0,6 gesättigtem Ammonsulfat bei
pH 4,0 in Gegenwart wachsender Mengen der festen Phase. (Vgl. Northrop[1], bes. S. 288.)
Kreise: Meßwerte; ausgezogen: idealer Verlauf. Nach Kunitz[1].

ziehen. Man kann daran denken, daß bereits geringe Änderungen
in den Gruppierungen an der Oberfläche des Proteins, wie die

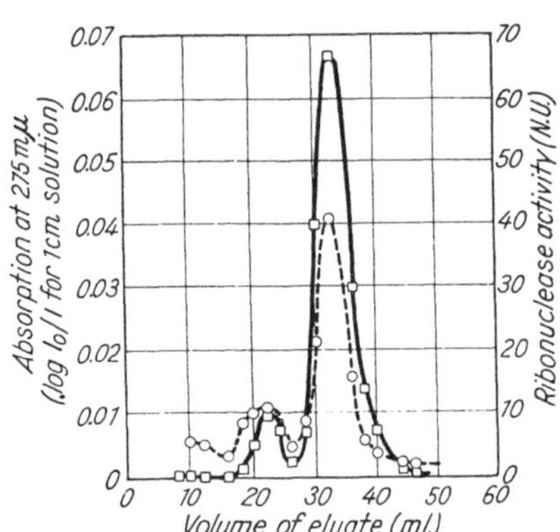


Abb. 2. Chromatogramm der Ribonuclease. System:
20 g Ammonsulfat, 24 g Cellosolve (Äthylenglykol-
monomethyläther), 26 g Wasser, Kieselgelsäule 6 g.
Ausgezogen: Fermentaktivität; gestrichelt: Absorption bei 275 mµ (Proteinkonzentration). Nach
Martin und Porter[10].

Abspaltung von Amidgrup-
pen, markante Änderungen
der Löslichkeit, der elektrophoretischen Wande-
rungsgeschwindigkeit oder
der RF-Werte zur Folge
haben, ohne daß die Grund-
konstitution des Proteins
verändert ist. So konnte
z. B. Perlmann[12] zeigen,
daß die elektrophoretischen
Banden der Komponenten
$A_1$ und $A_2$ des kristallisierten Ovalbumins[13] (wie auch
die Komponenten $P_1$ und $P_2$
des Plakalbumins), die sich
nach einer Hypothese von
Linderstrøm-Lang und Ottesen[14] durch den Gehalt einer
prosthetischen Phosphatgruppe unterscheiden, mittels phos-
phatatischer Abspaltung einer Phosphatgruppe aus der Kom-

---

*Anmerkung bei der Korrektur:* Es ist daran zu denken, daß Uneinheit-
lichkeit eines Kristallisates noch nicht bedeutet, die Einzelkristalle seien
uneinheitlich. Es könnten auch Kristall-Gemische vorliegen.

ponente $A_1$ (bzw. $P_1$) ineinander übergeführt werden können. Auch die Dissoziation eines Proteinmoleküls in kleinere Einheiten könnte möglicherweise eine Inhomogenität des kristallisierten Proteins vortäuschen, doch ist es fraglich, ob solche Dissoziationen bei Fermentproteinen überhaupt in größerem Umfange stattfinden*.

Das Feld einer vergleichenden Morphologie der Fermente ist noch nahezu unbestellt. Man darf jedoch soviel sagen, daß jedem der bislang in kristallisierter Form isolierten Fermente ein distinkter Platz zu gehören scheint, daß also die individuellen Schwankungen des Molekulargewichts, der Aminosäurezusammensetzung, der allgemeinen physikalischen Eigenschaften klein sind gegen die mögliche Variationsbreite.

Bemerkenswert ist, daß noch kein Fermentprotein in kristallisierter Form gewonnen worden ist, welches zwei distinkte Reaktionen spezifisch katalysiert.

Diese Erfahrungen sprechen dafür, daß einer bestimmten Fermentwirksamkeit (in einer bestimmten Zellart) ein spezifisch konstruiertes Proteinmolekül zugeordnet ist.

Von besonderer Bedeutung für die Probleme, die in diesen Ausführungen zur Diskussion stehen, ist die Frage nach dem Schicksal proteinfremder Verunreinigungen bei der Kristallisation von Fermenten. Vielfältige Erfahrungen, die in den vergangenen Jahren gesammelt wurden, besagen in dieser Hinsicht, daß Stoffe, die nicht Eiweiß sind, sich bei der Kristallisation vom Eiweiß scheiden. Sind sie schwer dissoziierend gebunden, dann verhindern sie die Kristallisation, es sei denn, ein einheitlicher Stoff ist im stöchiometrischen Verhältnis mit dem Protein verbunden.

In praktischer Hinsicht bewährt sich die Kristallisation in zunehmendem Maße als eines der wirksamsten Verfahren zur präparativen Trennung von Fermenten.

Neben den oben angeschnittenen Beziehungen zu proteinfremden Verunreinigungen bildet die Möglichkeit, durch systematische Waschungen der Kristalle die letzten Reste störender Begleitfermente zu entfernen, einen ganz wesentlichen Anreiz dafür, Fermente, die man untersuchen will, zu kristallisieren.

---

* Die diesbezüglichen mit der Methode der Lichtzerstreuung beim Ferment Enolase von Bücher[11] erhaltenen Ergebnisse finden nach einer persönlichen Mitteilung von J. T. Edsall eine anderweitige Erklärung, auf die demnächst ausführlich eingegangen werden soll.

In Anbetracht dieser Verhältnisse sollen die Aussagen in den folgenden Erörterungen auf das Reich jener Fermente beschränkt werden, die bereits in kristallisierter Form gewonnen worden sind. Durch diese Einschränkung wird die große Gruppe von Fermenten ausgeschlossen, die fest mit der Struktur der Zelle verankert sind. Es ist möglich, daß diese Gruppe mit dem Fortschritt der Erkenntnis wesentlich, wenn auch wahrscheinlich nicht grundsätzlich, neue Verhältnisse aufzeigt.

### Wirksamkeit kristallisierter Fermente.

Es ist in der Literatur wiederholt die Ansicht vertreten worden, daß amorphe Fermentpräparate wirksamer als die entsprechenden Fermentkristallisate seien.

Will man die Relation von Fermentwirkung und Masse, den Reinheitsgrad verschiedener Fermentpräparate zueinander in Beziehung setzen, dann sollten die folgenden Vorbedingungen klargestellt sein:

1. Erfaßt der Test spezifisch ein und dieselbe Fermentwirkung? Sind seine Bedingungen (Substratkonzentration, $p_H$) kontrolliert?

2. Sind notwendige Protektoren (gegen Schwermetallvergiftungen oder Oxydationen) in optimaler Konzentration?

3. Existiert das Ferment in inaktiven Vorstufen, die der „Demaskierung" durch besondere Agenzien bedürfen?

4. Dissoziieren prosthetische Gruppen vom Protein?

5. Ist die Testreaktion möglicherweise aus mehreren, durch verschiedene Fermente katalysierten Schritten zusammengesetzt?

Wir kennen aus eigener Erfahrung und aus der Literatur keinen Fall, in dem sich unter den oben angeführten Bedingungen der Reinheitsgrad eines Ferments bei der Umkristallisation nicht vermehrt oder als konstant erwiesen hätte. Demgegenüber ist bemerkenswert, daß der Begriff des „eiweißfreien" Ferments sich gerade auf dem Gebiet jener Fermente bis in die moderne Literatur gehalten hat[95, 96], deren Wirkung relativ unspezifisch ist, bzw. nur ungenügend spezifisch erfaßt werden kann. Das experimentelle Material reicht nicht aus, um den Begriff des „eiweißfreien" Ferments, so interessant eine solche Substanz auch aus vielerlei Gründen wäre, ernsthaft in Erwägung zu ziehen.

## Fermentinaktivierungen.

Will man das im vorstehenden Abschnitt Geschilderte in die Aussage fassen, die Wirksamkeit kristallisierter und umkristallisierter Fermentproteine sei maximal, dann ist dies relativ zuverstehen, derart, daß wir für die untersuchte Wirksamkeit unter Beachtung aller notwendigen Kautelen kein wirksameres Agens darstellen können.

Das absolute Maximum der möglichen Wirksamkeit kennen wir nicht. Es wäre z. B. durch die „Stoßzahl" gegeben, die theoretisch möglicheZahl der thermischen Stöße zwischen Fermentmolekül und den Substraten[15]. Die Umsatzzahlen der Fermente liegen jedoch weit unter dieser Zahl.

In diesen Verhältnissen liegt ein schwacher Punkt der vorstehend erörterten Argumente für die Proteintheorie der Fermentwirkung.

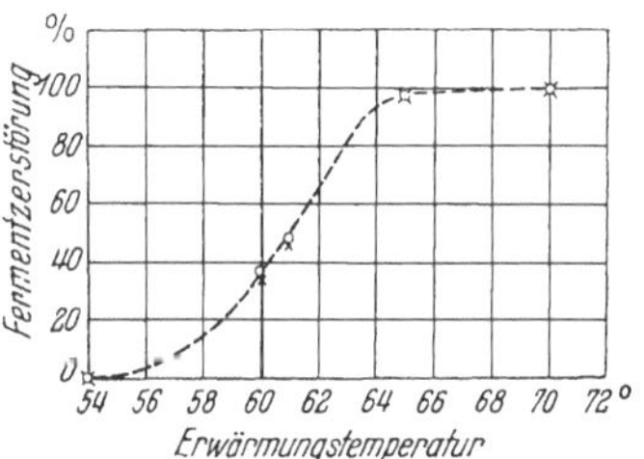


Abb. 3. Thermolabilität kristallisierter Milchsäuredehydrogenase aus Muskeln (Kreuze) und Tumoren (Kreise) der Ratte (Erwärmungsdauer 3 Min.) nach KUBOWITZ und OTT[11].

Es ist daher nützlich, eine weitere Gruppe von Argumenten zu betrachten, die sich auf die Beziehungen zwischen der Fermentfunktion und dem stofflichen Verhalten der Substanz Eiweiß unter verschiedenen physikalischen Einflüssen spezifischer Natur stützen.

Ein historisch altes Argument dieser Art ist die Thermolabilität der Fermentwirkungen (Abb. 3), die eine spezifische Parallele in der Thermolabilität der Proteine findet. Beide Effekte zeichnen sich durch

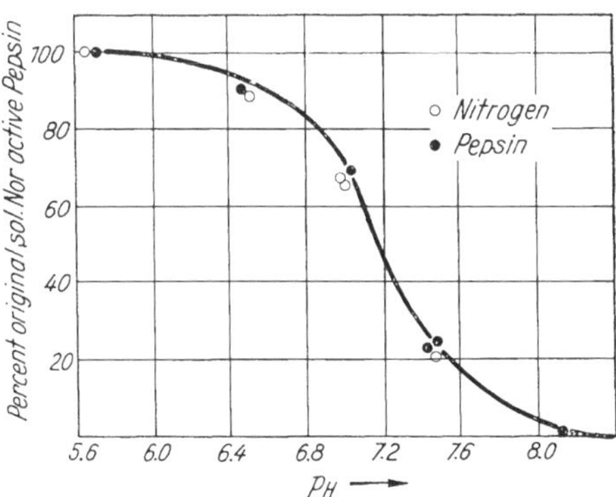


Abb. 4. Gegenüberstellung der Fermentinaktivierung und Eiweißdenaturierung bei der Neutralisierung von Pepsin bei 20° C. Nach NORTHROP[1].

sehr hohe Temperaturkoeffizienten aus.

Die Gewinnung einheitlicher Fermentpräparate brachte die Möglichkeit, die Beziehung zwischen Fermentaktivierung und Proteindenaturierung durch die verschiedensten chemischen und physikalischen Einflüsse quantitativ nachzuweisen. In Abb. 4 ist ein Beispiel für derartige Experimente gegeben, welches die weitgehende Übereinstimmung der Effekte zeigt.

Man darf sagen, daß auf Grund der Erfahrung das Verschwinden und Neuerstehen der Fermentwirkung heute als eines der empfindlichsten Zeichen für die Intaktheit eines Proteinmoleküls in Denaturierungsversuchen gilt.

### Photochemische Wirkungsspektren.

Eine besondere und spezifische Modifikation des Inaktivierungsversuches ist die photochemische Zerstörung von Fermentaktivitäten. Der Versuch führt zu Gegenüberstellung des photochemischen

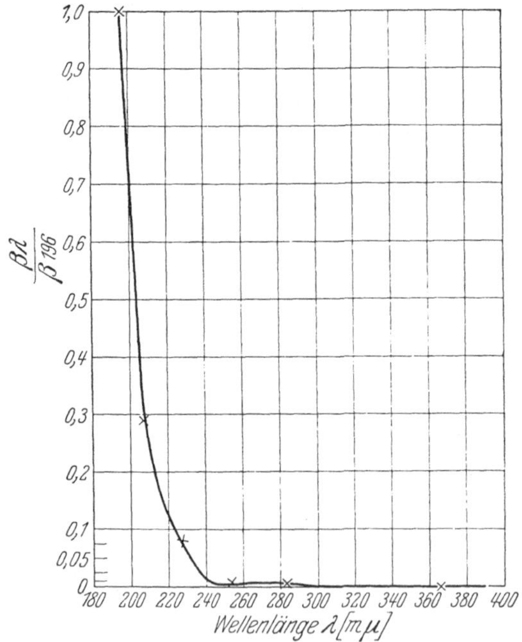


Abb. 5. Gegenüberstellung des Absorptionsspektrums (ausgezogene Linie) und des photochemischen Zerstörungsspektrums (Kreuze) der Urease. Nach KUBOWITZ und HAAS[11].

Wirkungsspektrums bei der Fermentinaktivierung (Zerstörungsspektrum) mit dem Absorptionsspektrum des Fermentproteins.

Nimmt man als Maß für die photochemische Wirkung die Zerstörung der Fermentaktivität (bezogen auf eine jeweils konstante

Menge eingestrahlter Strahlungsquanten), dann sollte das Wirkungsspektrum eine Aussage über die Art der chemischen Gruppierungen geben, welche für die Fermentwirkung bedeutungsvoll sind. Die Meinungen über die Verwertbarkeit und die Auswertung der verschiedenen, von einer großen Anzahl von Untersuchern veröffentlichten Zerstörungsspektren, ist noch geteilt[18]. Einige Untersucher fanden weitgehende Übereinstimmung zwischen Proteinspektrum und Zerstörungsspektrum (Abb. 5).

In einer Hinsicht scheinen alle Untersucher übereinzustimmen, nämlich darin, daß die Zerstörungsspektren im kurzwelligen Ultraviolett mit dem Spektrum der Peptidbindung parallel gehen.

Die Schlüssigkeit der Aussage wird bei dieser Art des Versuches durch zwei verschiedene Eigenheiten eingeschränkt: 1. die sehr geringe Quantenausbeute bei der photochemischen Inaktivierung (größenordnungsmäßig $10^2$ Treffer pro Inaktivierungsakt); 2. die Tatsache, daß bei der Aufstellung eines Wirkungsspektrums die Annahme zugrundegelegt wird, die gleiche Trefferzahl sei zur Zerstörung verschiedener Gruppierungen erforderlich.

In dieser Hinsicht ist es um eine andere Art photochemischer

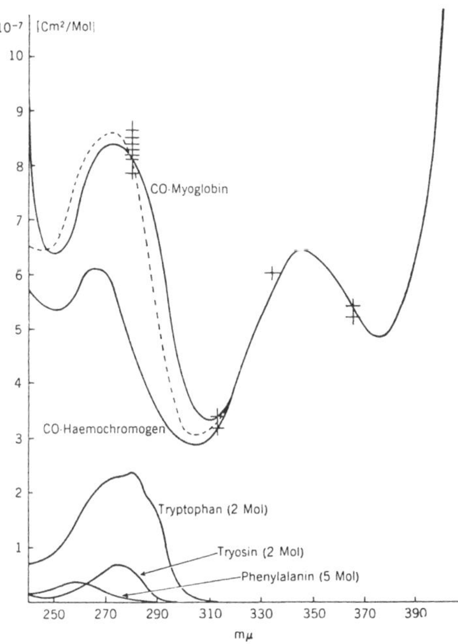


Abb. 6. Gegenüberstellung des photochemischen Wirkungsspektrums bei der Spaltung von Kohlenoxydmyoglobin (Kreuze) und des Absorptionsspektrums (oberste ausgezogene Linie) dieser Substanz. Die gestrichelte Linie ist durch die Addition der Absorptionsspektra der einzelnen Komponenten (untere ausgezogene Linien) des Chromoproteids erhalten worden. Nach BÜCHER[21].

Versuche günstiger gestellt: Bei der Spaltung der Kohlenoxydverbindungen bestimmter Häminproteine[19] ist nämlich die Quantenausbeute nahezu quantitativ, also jeder Treffer photochemisch wirksam. Es konnte im Falle des Myoglobins nachgewiesen werden[20], daß erstaunlicherweise auch jene Strahlungsquanten photochemisch aktiv sind, deren Qualität (Wellenlänge) eine Absorption in der Eiweißkomponente des Häminproteids bedingt. Das photochemische Wirkungsspektrum gibt also in solchen Fällen das Proteinspektrum, oder genauer gesagt, die Summe der Absorptionsspektren von Protein und prosthetischer Gruppe wieder (Abb. 6).

Bereits vor 20 Jahren konnten WARBURG und seine Mitarbeiter zeigen, daß das photochemische Wirkungsspektrum der Kohlenoxydverbindung des Atmungsferments im Bereich der Absorption aromatischer Aminosäuren eine sehr hohe Bande zeigt. Diese Bande fehlt im Spektrum der prosthetischen Gruppe (Abb. 7). Man darf diese Verhältnisse als einen Beweis für die Proteinnatur des

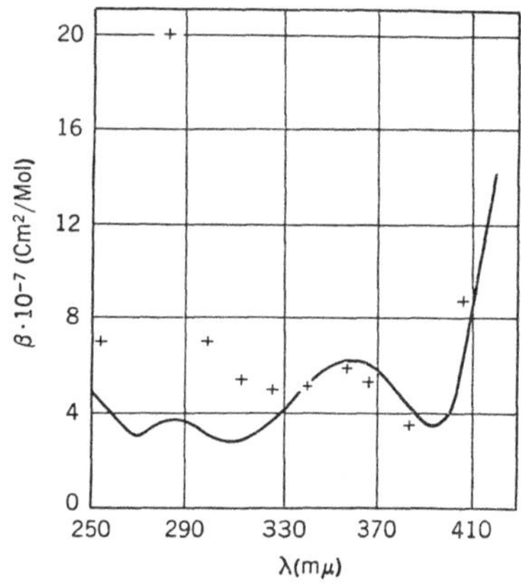


Abb. 7. Gegenüberstellung des photochemischen Wirkungsspektrums bei der Spaltung der Kohlenoxydverbindung des WARBURG-schen Atmungsfermentes (Kreuze) und des Absorptionsspektrums von Kohlenoxyd-Spirographis-Hämochromogen (ausgezogene Linie). Nach Messungen von KUBOWITZ und HAAS[22] aus BÜCHER[21].

Atmungsferments, das infolge seiner Bindung an die Strukturen der Zelle bislang der Reindarstellung widerstanden hat, auslegen[23].

## Prosthetische Gruppen.

Überblicken wir die Reihe der in den vorstehenden Abschnitten erörterten Argumente, dann dürfen wir schließen, daß Protein, und zwar spezifisches, natives Protein essentiellen Anteil am Zustandekommen der Fermentwirkung hat.

' Wendet man sich funktionellen Problemen zu und fragt, welcher Art der Anteil des Proteins am Geschehen der Fermentkatalyse sei, dann ist es nützlich, zunächst jene Erfahrungen und Theorien zu erörtern, die sich mit den prosthetischen Gruppen und ihren Funktionen beschäftigen.

Die wohlbegründeten Anschauungen über die Funktionen prosthetischer Gruppen bei der Fermentkatalyse besagen, die prosthetischen Gruppen seien Träger von Zwischenreaktionen im Verlauf des katalytischen Geschehens.

Sie finden damit Anschluß an Vorstellungen über den Mechanismus der Katalyse, die ebenso alt, ja sogar älter sind[24] als der Begriff der Katalyse selbst. „Giebst Du nicht zu", schrieb LIEBIG 1837 seinem Freunde WÖHLER[25], „daß, wenn das Salpetergas mit der Luft keine roten Dämpfe bildete, und die salpetrige Säure unbekannt wäre, daß der Prozeß der Schwefelsäurebildung zu den katalytischen gerechnet werden müßte?"

Dieser Hinweis, wenn er sich auch nicht direkt auf eine Fermentreaktion bezieht*, enthält vieles für den Effekt der Zwischenreaktionen Charakteristische. Methodisch wichtig ist vor allem der Hinweis auf das Erfordernis spezifischer Merkmale bei der Erkennung des in theoretisch unbegrenzt kleinen Konzentrationen wirksamen und möglicherweise auch labilen Zwischenstoffes.

Die Entdeckung prosthetischer Gruppen in Fermenten und ihrer Zwischenstoffwirkung verdanken wir in allererster Linie OTTO WARBURG. In seinen klassischen Arbeiten über die Wirkung des Fermenteisens bei der Zellatmung[26, 27] und seinen Modellversuchen über die Schwermetallkatalyse[19] hat er die Basis zu unseren heutigen Erkenntnissen gelegt.

Die ersten prosthetischen Gruppen wurden bei elektronen- und wasserstoffübertragenden Fermenten entdeckt[28]. In kurzer Folge wurden dann bald in Fermenten der verschiedensten Klassen prosthetische Stoffe gefunden und ihre Wirkung als prinzipiell gleich betrachtet, wenn auch die betreffenden Zwischenreaktionen nicht in jedem Fall erfaßt werden konnten.

Es ist nur natürlich, daß diese Erfolge, besonders, da sie in ihren Grundlagen bereits zu einer Zeit klargelegt wurden, zu der sonst über die stoffliche Natur der Fermente noch keinerlei feste Anhaltspunkte zur Verfügung standen, zu einer Generalisierung führten.

In einer Gruppe von — untereinander allerdings verschiedenen — Theorien, die man als die dualistischen bezeichnen kann, wurden Fermente allgemein als zweiteilige Aggregate angesehen, bestehend aus einem hochmolekularen Träger und einer niedermolekularen prosthetischen Gruppe[89–93]. In den extremsten

---

* Er steht in Zusammenhang mit der gemeinsamen Arbeit beider Forscher über das Emulsin, eine der ersten „modernen"Fermentuntersuchungen.

Formen solcher Anschauungen wurde die Natur des hochmolekularen Trägers als unspezifisch betrachtet und die prosthetische Gruppe gewissermaßen als das eigentliche Ferment[5]. Mit der Verdichtung der Argumente für die Proteintheorie wurde der hochmolekulare Träger dem spezifischen Fermentprotein gleichgesetzt und diesem Fermentprotein essentielle Funktionen zugewiesen, das dualistische Prinzip jedoch beibehalten.

Die Verallgemeinerung dieses Prinzips wird jedoch durch die heute vorliegenden Erfahrungen nicht in allen Fällen gestützt. Bei einer großen Zahl von Fermenten, gerade bei den in stofflicher Hinsicht am gründlichsten untersuchten, ist die Suche nach einer besonderen prosthetischen Gruppe bislang erfolglos geblieben.

Dies könnte daran liegen, daß sich die prosthetischen Gruppen mangels spezifischer Methoden der Entdeckung entzogen haben. Bei der Vielzahl der Bausteine eines Eiweißmoleküls stellt eine einzelne Gruppierung analytisch gesehen einen Anteil dar, der in der Größenordnung der allgemeinen Fehlergrenzen liegt. Es sollten also die Analysen der Fermentproteine mit kleinem Molekulargewicht, wie die Ribonuclease (13000 g/Mol)*, technisch die günstigsten Voraussetzungen geben. Die Analysen einiger solcher „kleiner" Fermentproteine sind soweit vorangetrieben, daß nur noch ein geringer Grad von Wahrscheinlichkeit für die Existenz von prosthetischen Gruppen offen bleibt[7]. Wir haben damit zu rechnen, daß es neben den Fermenten, die prosthetische Wirkungsgruppen tragen, auch solche gibt, die gewissermaßen „unbewehrt" sind und in aktivem Zustand nichts weiter als Aminosäuren enthalten**.

Darüber hinaus zeigt die Betrachtung der Funktionen verschiedener Substanzen, die mit dem Namen prosthetische Gruppe belegt werden, daß diese in recht verschiedenartigen Beziehungen zum Geschehen der Fermentkatalyse stehen, daß das Zusammenspiel von Ferment, Substrat und Zwischenstoff sich nur unvollkommen in das dualistische Schema fügt.

Der Diskussion dieser Verhältnisse ist der nächste Abschnitt gewidmet.

---

* Die Analysen[7] geben Rechenschaft über den gesamten Stickstoff und Schwefel (kein Phosphor), jedoch nicht über den ganzen Kohlenstoff, Wasserstoff (und Sauerstoff).

** Ungenügend sind unsere Kenntnisse über etwaige Kohlehydrat-[29, 30] und Lipoidkomponenten[31, 32].

## Co-Fermente.

„It will be clear from this that the term co-enzyme
is really only a provisional label, used until fuller information becomes available.‟
(Holmes, The Metabolism of Living Tissues, 1937.)

1898 schloß Bertrand[33] aus Versuchen mit *Laccase*, daß
Manganionen akzessorische Hilfsstoffe für das Zustandekommen
der katalytischen Wirkung seien. Er prägte den Ausdruck
Co-Ferment. 1904 fand Magnus[34], daß zur Aktivierung der
Leberesterase ein kochfester, dialysierbarer (niedermolekularer)
Stoff organischer Natur nötig sei.

Diese Untersuchungen sind direkt nur von geringem Einfluß
für die spezielle Chemie der betreffenden Fermente geworden.
Deren letztere regte jedoch Arthur Harden zu korrespondieren-
den Versuchen mit dem von Buchner isolierten[3], katalytisch
wirksamen Prinzip der alkoholischen Gärung an[2]. So wurde das
Co-Ferment der Zymase entdeckt, ein akzessorischer Hilfsstoff für
das Zustandekommen der Zymasegärung.

Spätere Forschungen zeigten nicht nur die komplexe Natur des
Zymasesystems auf, sondern sie erwiesen gleicherweise die komplexe Natur des Hardenschen Co-Ferments. Nach unseren heutigen Erkenntnissen sind im System der Gärung außer den
13 Fermentproteinen und den entsprechenden Substratzwischen-
stufen folgende niedermolekulare Substanzen wirksam:

Diphosphorpyridinnucleotid ($DPN_{ox}$, $DPN_{red}$)*,
Adenosinphosphate (ATP, ADP),
Magnesiumionen (zweiwertige Kationen),
Kaliumionen,
1,6-Diphosphoglucose (Leloir-Ester),
2,3-Diphosphoglycerinsäure (Greenwald-Ester),
Aneurinpyrophosphat (Co-Carboxylase).

Bereits in der unterschiedlichen chemischen Natur spiegelt sich
die Vielfalt der Funktionen dieser Substanzen im fermentativen
Geschehen.

Eine Betrachtung der Verhältnisse ist über die spezielle
Frage des Gärungsmechanismus hinaus von allgemeinem Interesse.
Sie zeigt die Problematik des Begriffes Co-Ferment, deren

---

* Vor der Aufklärung der Konstitution Cozymase genannt. (Es wurde
anfangs für das einzige Co-Ferment des Zymasesystems gehalten.)

Diskussion sowohl im Hinblick auf zellphysiologische Erkenntnisse[35], wie auf die Theorie der Fermentwirkung[36, 37] des öfteren angeregt worden ist. Im Interesse der Forschung wie der Lehre sollte man ihr nicht ausweichen.

Wir unterteilen die Komponenten des HARDENschen Co-Ferments bei der folgenden kurzen Erörterung in Gruppen mit verwandten Funktionen, für die jeweils eine Fermentreaktion als Beispiel geschildert wird.

*Diphosphopyridinnucleotid, Adenosinphosphate.* Ein alle Komponenten des HARDENschen Co-Ferments verbindendes Prinzip liegt darin, daß ihre Wirkung im kompletten und intakten System der Gärung katalytisch ist*. Wird das organisatorische Gefüge des Stoffwechselprozesses nicht gestört, dann überschreitet der Effekt aller Substanzen den Einsatz beliebig weit. Vom biologischen Standpunkt ist man also berechtigt, sie alle als Biokatalysatoren zu bezeichnen.

Will man jedoch die Funktion der einzelnen Substanzen in den Fermentreaktionen ergründen, dann ist es notwendig, einen anderen Standpunkt einzunehmen, und das komplexe Gefüge in seine, jeweils durch eine spezifische Fermentwirkung charakterisierten Elementarschritte aufzulösen (siehe Tafel 1 am Schluß des Bandes).

Wir betrachten im Hinblick auf die Funktionen des Diphosphopyridinnucleotids (DPN) in diesem Sinne die Oxydationsreaktion der Gärung[38]. Auf eine Schilderung der Einzelheiten kann verzichtet werden. Es wird durch ein spezifisches Fermentprotein, das „Protein des oxydierenden Gärungsferments", die Einstellung eines Gleichgewichtes zwischen den Konzentrationen von sechs Reaktionspartnern katalysiert:

$DPN_{ox}$ + Phosphoglycerinaldehyd + Phosphat

$\updownarrow$ (spez. Fermentprotein)

$DPN_{red}$ + Diphosphoglycerinsäure + $H^+$.

Wir richten unser Augenmerk auf die Funktionen der beiden Formen des Diphosphopyridinnucleotids. Halten wir uns dabei, um nicht in Verwirrung zu geraten, bei der Unterscheidung von Substrat und Katalysator im katalytischen Prozeß an die OSTWALDsche Definition[95], dann ist fraglos hier das Fermentprotein

---

* Lediglich das Adenylphosphatsystem greift teilweise (Tafel 1) stöchiometrisch aus dem Gärungsapparat heraus. Es wird durch eine Vielzahl anderer Prozesse des Zellgeschehens „entladen".

der einzige Katalysator. $DPN_{ox}$ und $DPN_{red}$ zählen zu den Substraten. Die Prüfung des Reaktionsgleichgewichtes hat ergeben[39, 21], daß sie vom Standpunkt der Massenwirkung den anderen Reaktionspartnern, auch den Wasserstoffionen, gleichwertig sind.

Stellen wir die Diskussion der Konsequenzen, die sich aus diesen Verhältnissen für die Nomenklatur ergeben, zunächst

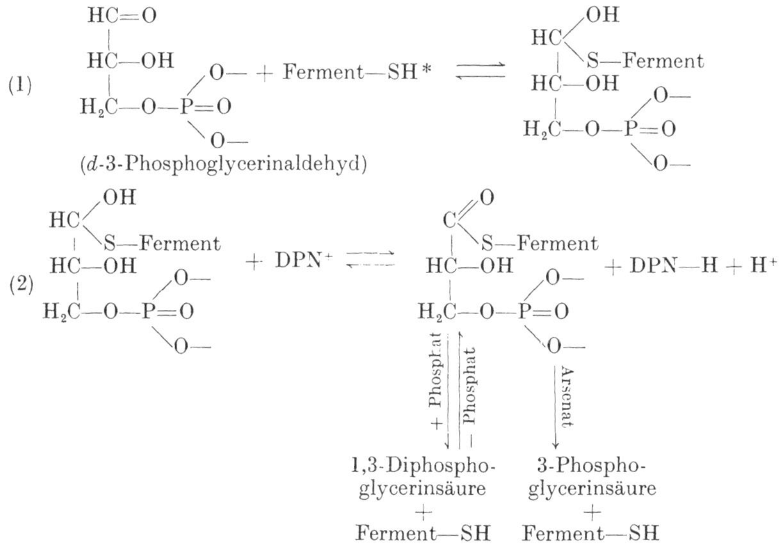

Abb. 8. Schema zu den Vorgängen in der Wirkungsgruppe des oxydierenden Gärungsferments. Nach HOLZER und HOLZER[41].

zurück und betrachten jene Theorie, welche die Arbeitskreise von RACKER[40] und LYNEN über die Vorgänge in der Wirkungsstelle des Ferments aufgestellt haben (Abb. 8). Das Kernstück dieser Anschauungen bildet die von LYNEN aufgefundene energiereiche Bindung zwischen Acyl und Thiol. Die Einzelheiten gehen aus dem Schema hervor, welches einer Arbeit von HOLZER und HOLZER[41] entnommen ist. RACKER nimmt an, daß Glutathion die aktive Gruppierung des Fermentes sei.

Stellen wir nunmehr die Frage, ob DPN als prosthetische Gruppe der Dehydrogenase bezeichnet werden kann, wie es bis in die allerjüngste Zeit von einer Reihe von Arbeitskreisen geübt wird:

Die geschilderten Verhältnisse stehen der Annahme nicht entgegen, daß DPN sich im Prozeß der Katalyse mit dem Ferment verbindet. Will man es aber deshalb als prosthetische Gruppe des Ferments bezeichnen, dann darf man mit gleichem Recht unter diesen Begriff jedes Substrat einbeziehen, welches mit einem Ferment einen Reaktionskomplex bildet. Dies liegt jedoch nicht im Sinne der Definition des Begriffes „prosthetische Gruppe", der auf solche Substanzen eingeschränkt werden sollte, die nicht in der Bilanz der katalysierten Reaktion erscheinen. Das möglicherweise als Zwischenstoff wirksame Glutathion würde diese Bezeichnung eher verdienen.

Die Aufgabe des DPN-Systems im Gefüge der Stoffwechselprozesse liegt in der verbindenden Funktion zwischen wasserstoffübertragenden Fermenten. DPN ist ein Transporteur, der erst durch das Zusammenwirken von mindestens 2 Fermentreaktionen katalytische Funktionen erhält. Sehr wahrscheinlich integriert das DPN-System innerhalb lebender Zellen sehr viel mehr als 2 Fermentreaktionen aus den verschiedensten Stoffwechselketten.

Diese Eigenart teilt es mit einer Reihe anderer Nucleotide. Es ist bemerkenswert, daß im Falle der Adenosinphosphate, bei denen die Verhältnisse funktionell analog liegen, sich der Begriff des Co-Ferments nicht eingebürgert hat. Das mag daran liegen, daß diese Substanzen von Anbeginn mehr im Blickfeld zellphysiologischer Betrachtungsweise waren, während bei den Pyridinnucleotiden der Schwerpunkt im fermentativen Geschehen gesehen wurde.

Das Acylgruppen transportierende, pantothensäurehaltige Nucleotid wurde von seinem Entdecker LIPMAN[42] Co-Enzym A genannt. Seine mit Acetyl beladene Form ist identisch mit der vom Münchener Arbeitskreis seit längerer Zeit geforderten „aktivierten Essigsäure"[43]. Hier laufen also die Komponenten eines Transportsystems unter der Kategorie einer Hilfssubstanz der Fermentkatalyse und eines Stoffwechselzwischenproduktes. In der Tat sind alle diese Nucleotide mit Transportfunktion aktive Partner des Stoffwechsels.

Aus unseren heutigen Erkenntnissen dürfen wir schließen, daß diese Substanzen innerhalb der Organisation des Stoffwechsels Funktionen erfüllen, die denen der Fermente nicht nachgeordnet, sondern gleichgestellt sind. Vom zellphysiologischen Standpunkt aus mag es sich sogar erweisen, daß sie durch ihre integrierende Wirkungsweise den Fermenten in gewisser Weise übergeordnet sind und als Organe der Steuerung wirksam sind.

Es ergibt sich die Frage, ob man diesen Gesichtspunkten nicht auch in der Nomenklatur Rechnung tragen sollte. Ich möchte die Bezeichnung „Transportmetaboliten" zur Diskussion stellen.

*Magnesiumionen.* Wenden wir uns nunmehr den anderen Komponenten des HARDENschen Co-Ferments zu, dann ist zunächst grundsätzlich zu sagen, daß diese ihre katalytischen Funktionen auch dann behalten, wenn man das komplexe System in seine fermentativen Einzelprozesse auflöst. Ob man sie jedoch auf Grund dieser Eigenart als prosthetische Gruppen der betreffenden Fermente bezeichnen soll, ist eine Frage, deren Entscheidung einen tieferen Einblick in ihre Funktionen beim katalytischen Geschehen voraussetzt.

Magnesiumionen sind für die Wirkung einer ganzen Reihe von Fermenten des Gärungssystems essentiell (phosphatübertragende Fermente[44, 45], Enolase[46], Carboxylase[47, 48], Phosphoglucomutase[49, 50]); auch andere Fermente, z. B. Aminopeptidasen[51] und Lecithinasen[52] zeigen die gleiche Eigenschaft.

Charakteristisch ist für alle diese Beispiele, daß die Wirkung nicht streng spezifisch an Magnesium gebunden ist, sondern auch andere zweiwertige Kationen, wie z. B. Mangan oder Zink, qualitativ den gleichen Effekt zeigen. Charakteristisch ist weiterhin, daß die zweiwertigen Kationen leicht vom Protein dissoziieren, die kristallisierten Fermentproteine metallfrei sind.

Offenbar besteht hier ein grundsätzlicher Unterschied zu den „wahren" Metallfermenten, wie der kupferhaltigen Polyphenoloxydase oder den Häminfermenten[19], bei denen das Metallion undissoziabel gebunden und streng spezifisch ist. Die Zwischenstoffwirkung des Metalls liegt in diesen Fällen zumeist klar zutage.

Dementsprechend gehen neuere Gedankengänge über die Wirkung der zweiwertigen Kationen andere Wege[53, 54]. Sie nehmen an, daß das Ferment kein eigentliches Metallproteid sei, sondern daß die Bindung des Kations erst durch ein Zusammenwirken von Fermentprotein und Substrat zustandekomme. Sie stützen sich dabei auf Erfahrungen, die bei Versuchen über die Wirkungsweise einiger Peptidasen und der Lecithinase gewonnen wurden (Abb. 9). Die Entdeckung WARBURGs[46], daß die hemmende Wirkung von Fluoridionen auf das Ferment Enolase nicht auf einer direkten Reaktion zwischen Fermentprotein und Fluoridionen beruht, sondern das hemmende Agens in einem Magnesium-Fluorid-Phosphat-Komplex besteht, der kompetitiv zum Magnesiumion wirkt, stützt derartige Anschauungen.

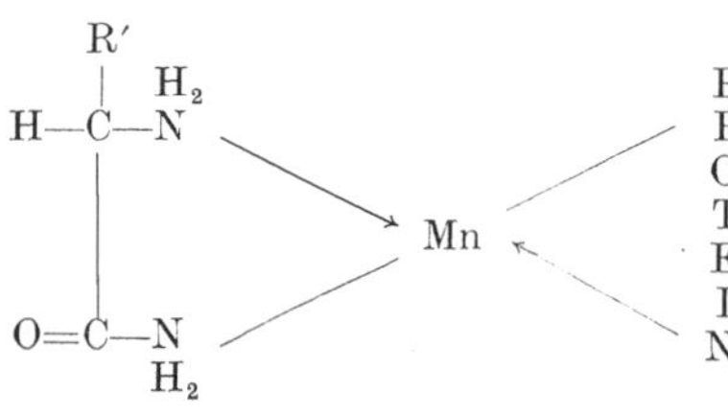

Abb. 9. Komplex zwischen Metallion, Substrat und Leucin-Aminopeptidase. Nach E. L. SMITH und R. LUMRY[44].

Diese Gedankengänge weisen auf einen neuen Typ der Metallaktivierung hin[53], den man mit gleichem Recht als Substrataktivierung wie als Fermentaktivierung bezeichnen könnte. Sein funktionelles Charakteristikum ist die Hilfestellung des Metallions bei der Bildung des Michaelis-Komplexes zwischen Ferment und Substrat.

„*Perphosphorylierte*" *Substrate*. LELOIR und seinem Arbeitskreis verdankt man die Entdeckung[55, 56], daß 1,6-Diphosphoglucose ein essentieller Aktivator für das Zustandekommen der Phosphoglucomutase-Reaktion

$$\text{1-Phosphoglucose} \rightleftarrows \text{6-Phosphoglucose}$$

ist. Analoge Verhältnisse scheinen bei der Phosphoglyceromutase-Reaktion

$$\text{3-Phosphoglycerinsäure} \rightleftarrows \text{2-Phosphoglycerinsäure}$$

zu herrschen. Hier hat 2,3-Diphosphoglycerinsäure aktivierende Eigenschaften[57].

Die charakteristische Eigenart dieser aktivierenden Substanzen besteht darin, daß sie um eine Phosphatgruppe reicher sind als die Substrate der katalysierten Reaktion. Die charakteristische Eigenschaft der Reaktion selbst besteht in einer innermolekularen Umstellung der Phosphatgruppen.

Die interessante und durch Isotopenversuche belegte Theorie der Wirkung dieser Aktivatoren nimmt an: In der Wirkungsgruppe des Ferments geht durch gerichtete Phosphatübertragungen der Aktivator im Arbeitstakt in das um ein Phosphat ärmere Reaktionsprodukt über und ersteht gleichzeitig aus dem Ausgangsprodukt neu (Abb. 10). Dies ist möglich, weil das Grundskelett des Substrats im Verlauf der Reaktion nicht verändert wird.

In der Wirkung der „perphosphorylierten" Substrate haben wir in mancher Beziehung das Prinzip eines prosthetischen Stoffes; die Differenz zum herkömmlichen Begriff besteht darin, daß dieser Stoff nicht nur mit Teilen an der Zwischenreaktion partizipiert, sondern als Ganzes im katalytischen Akt ersteht und entschwindet. Das funktionelle Charakteristikum des Wirkstoffes ist die Startwirkung in einer Kette sich aus den Substraten automatisch und identisch regenerierender Konstellationen.

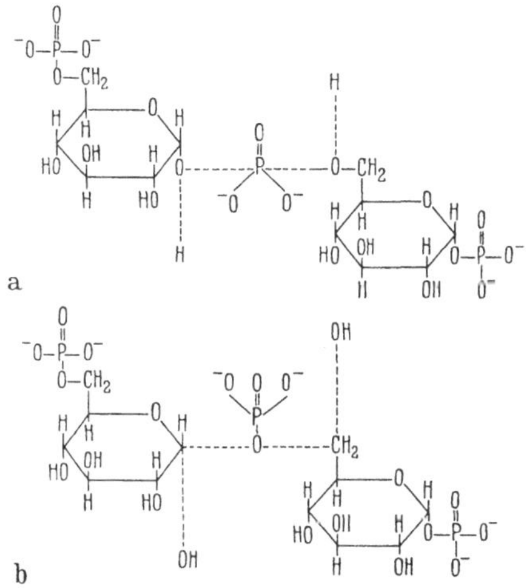

*Aneurinpyrophosphat.*

Das Ferment Carboxylase, welches die Spaltung der Brenztraubensäure

Abb. 10. Schema zur Zwischenstoffwirkung der 1,6-Diphosphoglucose bei der Phosphoglucomutase-Reaktion. Nach LELOIR[44].

$$\text{Brenztraubensäure} \rightarrow \text{Acetaldehyd} + CO_2$$

katalysiert, ist ein konjugiertes Protein, das auf 75000 g Protein 1 Grammatom Magnesium und 1 Mol Aneurinpyrophosphat enthält[58, 59, 47, 48]. Die niedermolekularen Bestandteile sind nur unter unphysiologischen Bedingungen vom Fermentprotein abspaltbar. Man darf annehmen, daß hier Verhältnisse vorliegen, die die Anwendung des Begriffes prosthetische Gruppe in allen Beziehungen rechtfertigen, wenn auch über den Mechanismus der Zwischenstoffwirkung der niedermolekularen Bestandteile sich noch keine endgültigen Anschauungen gebildet haben.

## Aktivatoren.

Die vorstehende Schilderung der Funktionen niedermolekularer Wirkstoffe im organisatorischen Gefüge der Gärungskette wurde an einer Kritik der bestehenden Nomenklatur und der Vorstellungen, auf denen diese Nomenklatur basiert, ausgerichtet. Sie ist nicht negativ, sondern zeigt eine Fülle der interessantesten Mechanismen auf. Mit Staunen dürfen wir die individuellen Konstruktionen betrachten, die, den jeweiligen Erfordernissen der Fermentkatalyse durch ein spezifisches Prinzip angepaßt, sich nur mit Zwang in ein Schema pressen lassen.

Wir dürfen aus unseren Erkenntnissen den Schluß ziehen, daß der Befund, ein Stoff trage aktivierend zum Geschehen einer Fermentkatalyse bei, so interessant er auch in anderer Beziehung sein mag, nicht zur Bildung einer allgemeinen Anschauung über die Natur der Fermentwirkung ausreicht.

Eine verbreitete Anschauung ist die: Fermente bedürften, um zu wirken, der Aktivatoren. Diese Anschauung ist in ihrer Verallgemeinerung nicht berechtigt. Jedoch kennen wir neben den vorstehend diskutierten, direkt ins Reaktionsgeschehen eingreifenden Funktionen proteinfremder Substanzen noch eine Reihe weiterer Möglichkeiten der Aktivierung von Fermenten:

Schutzwirkungen gegen Vergiftungen und chemische Alterationen — Protektoren — (Beispiele: Schwermetallvergiftung der Urease, SH-Gruppen des Papains);

Demaskierung blockierter Wirkungsgruppen (Beispiel: Trypsinogen — Trypsin);

Milieueinflüsse, die das Proteinmolekül (und das Substrat) beeinflussen (Beispiel: $p_H$ Optima).

### Fermentprotein als Zwischenstoff.

Ziehen wir aus den bisherigen Erörterungen den Schluß, daß keineswegs alle, möglicherweise sogar nur ein geringer Teil der Fermente prosthetische Gruppen im klassischen Sinne tragen, dann bedeutet dieses nicht, die Idee der Zwischenreaktion bei der Fermentkatalyse sei nur von spezieller Bedeutung: Die Reste der Aminosäuren enthalten auch in solchen Fermentproteinen, die „unbewehrt" sind, eine Fülle der verschiedensten Gruppierungen, welche Zwischenstoffwirkungen ausüben könnten.

Das bereits erwähnte Beispiel des oxydierenden Gärungsfermentes (Abb. 8) weist auf die Thiolgruppe hin. Über „SH-Fermente" existiert eine umfangreiche Literatur, so daß wir es uns hier ersparen können, den Gesichtspunkt im einzelnen zu erörtern.

Neben der Thiolgruppe tritt in der letzten Zeit die Imidazolgruppe des Histidins in den Vordergrund des Interesses. Mit ver-

schiedenen Methoden konnte nachgewiesen werden, daß die Zink-
ionen in der Zinkverbindung des Serumalbumins an Imidazol-Reste
gebunden sind[60—62]. Es konnte gezeigt werden, daß am Stickstoff
acyliertes Imidazol ein hohes Gruppenpotential besitzt[63, 64].

THEORELL hat vor 10 Jahren eine Hypothese über die Vorgänge in der Wirkungsgruppe des Cytochroms C mitgeteilt

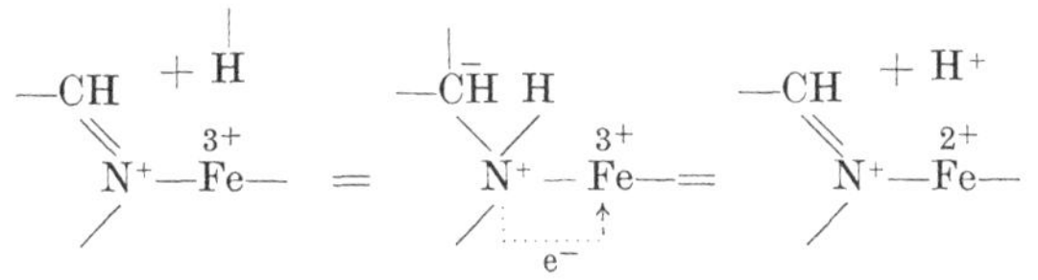

$$-CH \underset{N^+-Fe-}{\overset{+\ H}{\diagdown}}{}^{3+} = -C\overline{H}\ H \underset{N^+-Fe-}{\diagup\diagdown}{}^{3+} = -CH \underset{N^+-Fe-}{\overset{+\ H^+}{\diagdown}}{}^{2+}$$

Abb. 11. Schema zur Zwischenstoffwirkung des Histidins bei der Reduktion von Cytochrom *c*. Nach THEORELL[44].

(Abb. 11), in der mesomere Zustände des Histidin-Imidazols die
Reduktion des nicht autoxydablen Fermenteisens durch die Sub-
strate verständlich machen[65]. Die experimentelle Grundlage dieser
Hypothese besteht in Elektrotitrationen und magnetischen
Messungen, die am Modell des Hämoglobins ausgearbeitet worden
sind[66].

Ein direkter experimenteller Beweis für die THEORELLsche
Hypothese steht noch aus. Aber fraglos enthält sie einen Gesichtspunkt von großer Tragweite: die Mitwirkung des Fermentproteins in mesomeren Systemen[67, 37, 68].

In dieser Beziehung ist in erster Linie an die Stabilisierung von
Radikalen durch die Ausbildung mesomerer Zustände zu denken,
die nach der „one-step"-Theorie von MICHAELIS[69, 70, 80] bei der
Katalyse der Redoxprozesse essentielle Funktionen ausüben.

Auf die neueren Hypothesen über die Funktion von Wasser-
stoffbrücken-Systemen, die noch weitgehend spekulativen Charakter tragen, sei lediglich hingewiesen[71—73, 68, 21].

### Sterische Ordnung der Reaktionspartner.

Wir haben in unseren bisherigen Erörterungen das Augenmerk
vorzüglich auf die reaktionsbeschleunigende Wirkung der Fermente gerichtet. Neue Gesichtspunkte erhalten wir nunmehr,
wenn wir uns der richtenden Funktion der Fermente, ihrer
Spezifität zuwenden.

Heben ihre spezifischen Leistungen die Fermente bereits weit
über das allgemeine Niveau der Katalysatoren hinaus, so gilt dies

in besonderem Maße für ihre Leistungen in der asymmetrischen Synthese.

Eine einfache Überlegung ergibt, daß für die asymmetrische Synthese eine determinierte räumliche Zuordnung der Partner bei der Reaktion Voraussetzung ist. Das bedeutet: mindestens einer der Partner muß bei diesem katalytischen Prozeß in mehr als einem Punkte am Ferment fixiert sein[75]. Das „Schloß-Schlüssel-Modell", welches EMIL FISCHER aus seinen Spezifitätsuntersuchungen[74] folgerte, enthält bereits diesen Gesichtspunkt: Fixierung der Substrate am Ferment in mehr als einem Punkt.

Es gibt eine Reihe von Gründen, die dafür sprechen, daß auch über den Bereich der asymmetrischen Synthese hinaus die Substrate beim katalytischen Akt in einer bestimmten räumlichen Ordnung am Ferment fixiert sind.

Mit der Isotopentechnik gewonnene Erfahrungen über das Schicksal der beiden sterisch gleichwertigen $C_2$-Ketten der Citronensäure, die vor einigen Jahren in bezug auf das Reaktionsschema des Citronensäurezyklus intensiv diskutiert wurden, finden nach einer Idee von OGSTON[75, 76] eine Erklärung darin, daß die Citronensäure vom Ferment gewissermaßen asymmetrisch gehandhabt wird, obgleich sie symmetrisch ist.

Auch Versuche über Konkurrenzen an der Wirkungsstelle von Fermenten lassen auf eine Fixierung der Substrate und Inhibitoren in mehreren Gruppierungen schließen[77, 44].

### Deformation der Substrate.

In der sterischen Ordnung der Substrate während des Reaktionsaktes haben wir ein Phänomen, welches nicht nur die hochmolekulare, sondern speziell die Proteinnatur der Fermente zur Voraussetzung hat. Unter allen bekannten Körperklassen, mit Ausnahme möglicherweise der Nucleinsäuren, kennen wir keinen Stoff, der so wie Eiweiß mit einer Mannigfaltigkeit der verschiedensten Gruppierungen im Verband eines großen Moleküls fähig wäre, räumlich geordnete und spezifisch ausgerichtete Haftpunkte zu bilden.

Der Gesichtspunkt der sterischen Fixierung von Reaktionspartnern in der Wirkungsstelle eines Ferments ist in extenso erstmals von LINUS PAULING erörtert worden[78]. Er nimmt Wasserstoffbindungen in den Haftstellen an, also nach den heutigen

Anschauungen polare Kräfte[79]. Die Michaelis-Konstanten einer großen Reihe von Substraten entsprechen freien Normalenergien, welche in der gleichen Größenordnung liegen wie die freie Normalenergie der Wasserstoffbindungen. Es ist jedoch zu bedenken, daß die Michaelis-Konstanten den wahren Dissoziationskonstanten der Ferment-Substrat-Komplexe nicht zu entsprechen brauchen[81].

Der Effekt der räumlichen Ordnung der Substrate in den Wirkungsstellen der Fermente ist nicht allein für die Qualität der Fermentkatalyse maßgebend, sondern beeinflußt wahrscheinlich auch deren Quantität, die katalytische Aktivität. Zweierlei Gedanken sind in dieser Hinsicht erwägenswert:

Zum einen darf man annehmen, daß die Reaktionen zwischen Körpern erheblich gefördert werden, wenn diese Körper sich nicht planlos an beliebigen Stellen stoßen, sondern in geeigneter Lage zueinander fixiert sind. Die Stöße

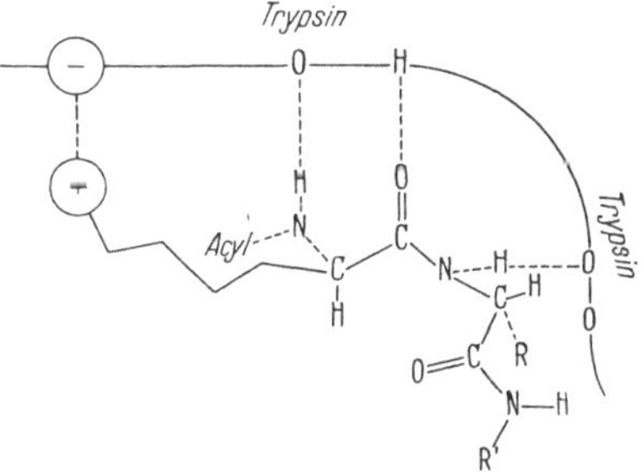


Abb. 12. Hypothetische Wechselwirkungen zwischen Trypsin und Acyl-l-Arginylpeptid oder Acyl-l-Lysylpeptid. Die Amidgruppe ist aus der natürlichen Bindungsrichtung herausgebogen. Nach HOLLEY[44].

zwischen den reagierenden Gruppen sind dann statistisch begünstigt. Von TH. WIELAND[82] wurde kürzlich ein Beispiel dafür gegeben, daß die chemische Reaktion zwischen zwei Gruppen mit bedeutend höherer Geschwindigkeit abläuft, wenn diese Gruppen sich im gleichen Molekülverband befinden, also in einer gewissen, wenn auch nicht idealen Ordnung zueinander stehen.

Zum anderen darf auf ein historisch altes Element der allgemeinen Lehre von der Katalyse zurückgegriffen werden: die Annahme von Deformationen der Substrate im aktiven Zentrum des Katalysators[83]. Die Übertragung dieses allgemeinen Gedankens auf das spezielle Problem der Fermentwirksamkeit ist ebenfalls von PAULING[78] im Zusammenhang mit seinen bereits erörterten Anschauungen diskutiert worden.

Ein Beispiel für diese Anschauung wurde kürzlich von HOLLEY[84] gegeben, der den Gedanken der Substratdeformation auf Enzymreaktionen anwandte, in denen Amidbindungen gespalten werden. HOLLEY nimmt an (Abb. 12), daß zur Erleichterung der

Spaltungsreaktion die „Resonanzverfestigung" der Amidbindung
durch Deformation in der Wirkungsstelle des Ferments aufgehoben
wird. Die Resonanz der Amidbindung, welche die Stabilität des
Substratmoleküls erhöht, wird unmöglich, wenn die Amidgruppe
aus der Resonanzebene herausgebogen wird: sterische Verhinderung
der Amidresonanz durch Deformation des Substratmoleküls in der
Wirkungsstelle des spaltenden Ferments.

### Fermentprotein als „Antenne" für Aktivierungsenergie?

Fassen wir den Inhalt unserer letzten Erörterungen zusammen,
so läßt sich sagen, daß das Phänomen der Fermentkatalyse nicht
auf einer einzigen, sondern in dem Zusammenwirken mehrerer
Bedingungen beruht. Wir haben sie unter gewissen Schlagworten
geschildert, die hier noch einmal zusammengestellt seien:

Zwischenstoffwirkung,
sterische Ordnung und
Deformation der Reaktionspartner.

Alle diese Faktoren können geeignet sein, die Aktivierungsenergie bzw. die Aktivierungsentropie zu vermindern.

Ein anderer Gesichtspunkt liegt in der Frage, ob eine Senkung
des Niveaus der Aktivierungsenergie allein ausreicht, um die
großen Reaktionsgeschwindigkeiten, die wir in vielen Fermentreaktionen messen, zu bewirken. Diese Frage hat zu der Anschauung geführt, daß Fermentprotein möglicherweise die Eigenschaft hat, Energie, die es durch thermische Stöße empfängt, zur
Wirkungsstelle weiterzuleiten und dort als Aktivierungsenergie
nutzbar zu machen. Sowohl die Annahme eines solchen Effektes,
wie besonders die Möglichkeiten, welche zu seiner Verwirklichung
diskutiert werden, befinden sich noch völlig im Spekulativen[85,20,21].

Es sei zum Schluß gestattet, einen Blick auf diese gleicherweise
unsicheren wie wichtigen Gedankengänge zu werfen.

Ein Modell, auf das man sich bei solchen Spekulationen stützen
könnte, liegt in einer Theorie der monomolekularen Gasreaktionen,
die 1926 von HINSHELWOOD aufgestellt worden ist[86]. Der Typ der
Kinetik und die Reaktionsgeschwindigkeit solcher Reaktionen
(die freiwillig verlaufen) läßt darauf schließen, daß die erforderliche
Aktivierungsenergie nicht allein aus direkten thermischen Stößen
herrührt. Die Schwierigkeit läßt sich lösen, wenn man annimmt,

daß die Freiheitsgrade des reagierenden Moleküls selbst sich bei der Nachlieferung von Aktivierungsenergie beteiligen.

Ähnliche Gedankengänge werden in der Strahlungsphysik zur Erklärung der antistokesschen Fluorescenzen gewisser organischer Farbstoffe geführt [87, 88].

Fraglos hat der Gedanke, daß Systeme der Energieausbreitung unter Mitwirkung vieler Freiheitsgrade die Lieferung von Aktivierungsenergie bei der Fermentkatalyse unterstützen, manches bestechende: Fermente besitzen als Makromoleküle viele Freiheitsgrade; das Prinzip der Energieausbreitung durch Zusammenwirken vieler Freiheitsgrade ist allgemein gesehen theoretisch wohl fundiert. Vielleicht bestände auf diesem Wege die Möglichkeit, eine Antwort auf die Frage zu erhalten, warum wohl die Molekulargewichte der verschiedenen Fermente so unterschiedlich und definiert sind.

MOELWYN-HUGHES hat 1933 die Fermentprobleme auf der Basis dieser Anschauungen und der seinerzeit zur Verfügung stehenden experimentellen Daten quantitativ diskutiert [15]. Er kam zu dem Schluß: "The idea that a large number of internal degrees of freedom usually contribute to the energy of activation in reactions catalysed by enzymes does not now appear as attractive as it did a few years ago." Dennoch scheint uns das letzte Wort in dieser Hinsicht noch nicht gesprochen zu sein; jedenfalls sollte der allgemeine Gesichtspunkt bei unserer Erörterung nicht vorenthalten werden.

## Schlußwort.

Ein Blick auf die geschichtliche Entwicklung der Fermentforschung zeigt, wie stark sie durch das Bestreben beeinflußt worden ist, ein allumfassendes Prinzip der Fermentwirkung zu finden. Nicht immer hat sich das Bestreben zur Verallgemeinerung fördernd ausgewirkt. Wir dürfen heute sagen, daß es mehrere Prinzipien gibt.

Am besten fundiert ist das Prinzip der Zwischenstoffwirkung, die teils unter Mitwirkung proteinfremder Komponenten, wahrscheinlich jedoch stets unter Anteilnahme des Fermentproteins zustande kommt. Der Charakter der Zwischenstoffwirkungen ist im einzelnen so mannigfaltig wie die Typen der katalysierten Reaktionen.

Noch nicht klar umrissen, doch in den ersten Konturen sehen wir das Prinzip der sterischen Ordnung und die Konsequenzen, die sich daraus ergeben.

Beide Prinzipien basieren auf der Annahme, daß der katalytische Akt in bestimmten aktiven Zentren, den „Wirkungsstellen" der Fermentproteine vonstatten geht. Die Zahl dieser Wirkungsstellen ist nur bei wenigen Fermentproteinen bekannt. Der größere Teil der Fermentproteine scheint mehrere Wirkungsstellen zu besitzen, jedoch ist die Zahl begrenzt; das Maximum liegt, soweit bekannt, bei vier.

Ob auf der Grundlage dieser Prinzipien die Erklärung der allgemeinen Eigenheiten der Fermentwirkung gelingen wird, vermögen wir heute noch nicht zu ermessen. Eine Reihe von Eigenschaften, die von Fermentprotein zu Fermentprotein spezifisch variieren, wie die Aminosäurezusammensetzung und das Molekulargewicht, können noch nicht in Beziehung zur Fermentwirkung gesetzt werden.

Ich glaube, in meinen Ausführungen gezeigt zu haben, daß der allgemeine Fortschritt der Erkenntnis über die Art der Fermentwirkung zu einem wesentlichen Teil auf der Basis der „Proteintheorie", also Hand in Hand mit der Lösung der Rätsel, die uns die Substanz Protein aufgibt, erfolgen kann.

## Literatur.


[1] FISCHER, E.: Gesammelte Werke, letzter Band (herausgegeben von M. BERGMANN). Bes. S. 778. Berlin 1924.

[2] HARDEN, A., and W. YOUNG: Proc. Chem. Soc. (London) **21**, 189 (1905); J. of Physiol. **32**, 1 (1905); Proc. Roy. Soc. (London) Ser. B **77**, 405 (1906); **80**, 299 (1908); Erg. Enzymforsch. **1**, 113 (1932).

[3] BUCHNER, E.: Ber. dtsch. chem. Ges. **30**, 117, 1110 (1897).

[4] OPPENHEIMER, C.: Die Fermente und ihre Wirkungen. Leipzig 1925/26.

[5] WILLSTÄTTER, R.: Ber. dtsch. chem. Ges. **59**, 1 (1926).

[6] SUMNER, J. B.: J. of Biol. Chem. **69**, 435 (1926); **76**, 149 (1928); **79**, 489 (1929); Erg. Enzymforsch. **1**, 295 (1932).

[7] NORTHROP, J. H., M. KUNITZ and R. M. HERRIOTT: Crystalline Enzymes. New York 1948.

[8] NORTHROP, J. H.: Erg. Enzymforsch. **1**, 302 (1932).

[9] KUNITZ, M.: J. Gen. Physiol. **24**, 15 (1940).

[10] MARTIN, A. J. P., and R. R. PORTER: Biochemic. J. **49**, 215 (1951).

[11] BÜCHER, TH.: Biochim. et Biophysica Acta **1**, 467 (1947).

[12] PERLMANN, G.: Nature (Lond.) **166**, 870 (1950); J. Gen. Physiol. **35**, 711 (1952).

13 LONGSWORTH, L. G.: J. Amer. Chem. Soc. **61**, 529 (1939).

14 LINDERSTRØM-LANG, K., and M. OTTESEN: Nature (Lond.) **159**, 807 (1947).

15 MOELWYN-HUGHES, E. A.: Erg. Enzymforsch. **2**, 1 (1932).

16 KUBOWITZ, F., u. P. OTT: Biochem. Z. **314**, 94 (1943).

17 KUBOWITZ, F., u. E. HAAS: Biochem. Z. **257**, 337 (1933).

18 McLAREN, A. D.: Adv. in Enzymology **9**, 75 (1949).

19 WARBURG, O.: Schwermetalle als Wirkungsgruppen von Fermenten. Berlin 1948.

20 BÜCHER, TH.: Biochim. et Biophysica Acta **1**, 21 (1947).

21 BÜCHER, TH.: Adv. in Enzymology **14** (im Druck).

22 KUBOWITZ, F., u. E. HAAS: Biochem. Z. **255**, 247 (1932).

23 WARBURG, O.: Naturwiss. **1946**, 94.

24 CLÉMENT et DÉSORMES: Ann. de Chim. **59**, 329 (1906).

25 Briefwechsel LIEBIG-WÖHLER (Herausg. A. W. v. HOFFMANN), bes. I, S. 104. Braunschweig 1888.

26 WARBURG, O.: Z. physiol. Chem. **66**, 305 (1910); **92**, 231 (1914).

27 WARBURG, O.: Angew. Chem. **45**, 1 (1932) (Nobelvortrag).

28 WARBURG, O.: Erg. Enzymforsch. **7**, 210 (1937).

29 HELFERICH, B.: Erg. Enzymforsch. **9**, 70 (1943).

30 JORPES, E., u. Mitarb.: Acta physiol. scand. (Stockh.) **1**, 389 (1941); **2**, 41 (1941).

31 KIELLEY, W. W., and O. MEYERHOF: J. of Biol. Chem. **183**, 391 (1950).

32 ROBINSON, D. S., S. M. BIRNBAUM and J. P. GREENSTEIN: J. of Biol. Chem. **202**, 1 (1953).

33 BERTRAND, D.: C. r. Acad. Sci. (Paris) **124**, 1032 (1897).

34 MAGNUS, R.: Z. physiol. Chem. **42**, 149 (1904).

35 PARNAS, J. K.: Adv. mod. Biol. (UdSSR) **12**, 393 (1940); Nature (Lond.) **151**, 577 (1943).

36 DIXON, M., and L. G. ZERFAS: Biochemic. J. **34**, 371 (1940).

37 LuVALLE, J. E., and D. R. GODDARD: Quart. Rev. Biol. **23**, 197 (1948).

38 WARBURG, O., u. W. CHRISTIAN: Biochem. Z. **303**, 40 (1939).

39 MEYERHOF, O., and P. OESPER: J. of Biol. Chem. **170**, 1 (1947).

40 RACKER, E., and I. KRIMSKY: J. of Biol. Chem. **198**, 721, 731 (1952).

41 HOLZER, H., u. E. HOLZER: Z. physiol. Chem. **291**, 67 (1952).

42 LIPMANN, F., and N. O. KAPLAN: Federat. Proc. **5**, 145 (1946).

43 LYNEN, F., E. REICHERT u. L. RUEFF: Liebigs Ann. **574**, 1 (1951).

44 BÜCHER, TH.: Biochim. et Biophysica Acta **1**, 292 (1947).

45 KUBOWITZ, F., u. P. OTT: Biochem. Z. **317**, 193 (1944).

46 WARBURG, O., u. W. CHRISTIAN: Biochem. Z. **310**, 384 (1942).

47 GREEN, D. E., D. HERBERT and V. SUBRAHMANYAN: J. of Biol. Chem. **138**, 327 (1941).

48 KUBOWITZ, F., u. W. LÜTTGENS: Biochem. Z. **307**, 170 (1941).

49 NAJJAR, V. A.: J. of Biol. Chem. **175**, 281 (1948).

50 CORI, G. T., S. P. COLOWICK and C. F. CORI: J. of Biol. Chem. **124**, 543 (1938).

51 BERGER, J., and M. J. JOHNSON: J. of Biol. Chem. **130**, 641 (1939).

52 ZAMECNIK, P. C., L. E. BREWSTER and F. LIPMANN: J. of Exper. Med. **85**, 381 (1947).

[53] NAJJAR, V. A.: Phosphorus Metabolism 1, 500. Baltimore 1951.

[54] SMITH, E. L., and R. LUMRY: Cold Spring Harbor Symp. Quant. Biol. 14, 168 (1950).

[55] CAPUTTO, R., L. F. LELOIR, R. E. TRUCCO, C. E. CARDINI and A. C. PALADINI: Arch. of Biochem. 18, 201 (1948); 19, 339 (1948).

[56] LELOIR, L. F.: Phosphorus Metabolism 1,67. Baltimore 1951.

[57] SUTHERLAND, E. W., T. POSTERNAK and C. F. CORI: J. of Biol. Chem. 179, 501 (1950).

[58] AUHAGEN, E.: Z. physiol. Chem. 204, 149 (1931); 209, 20 (1932).

[59] LOHMANN, K., u. PH. SCHUSTER: Biochem. Z. 294, 188 (1937).

[60] KLOTZ, I. M., I. L. FALLER and J. M. URQUHART: J. Phys. a. Colloid. Chem. 54, 18 (1950).

[61] TANFORD, C. H.: J. Amer. Chem. Soc. 74, 211 (1952).

[62] GURD, F. R. N., and D. S. GOODMAN: J. Amer. Chem. Soc. 74, 670 (1952).

[63] STADTMAN, E. R., and F. H. WHITE: J. Amer. Chem. Soc. 75, 2022 (1953).

[64] WIELAND, TH., u. G. SCHNEIDER: Liebigs Ann. 580, 159 (1953).

[65] THEORELL, H.: Mitt. naturforsch. Ges. Bern, N. F. 1, 73 (1944); Erg. Enzymforsch. 9, 231 (1943).

[66] WYMAN, J. JR.: Adv. Protein Chem. 4, 410 (1948).

[67] KALCKAR, H. M.: Currents in Biochemical Research, p. 229. New York 1946.

[68] GEISSMANN, T. A.: Quart. Rev. Biol. 24, 309 (1949).

[69] MICHAELIS, L., and M. P. SCHUBERT: Chem. Rev. 22, 437 (1938).

[70] MICHAELIS, L.: In Currents in Biochemical Research, p. 207. New York 1946.

[71] WIRTZ, K.: Z. Naturforsch. 2b, 94 (1947); 3b, 131 (1948); Z. Elektrochem. 54, 50 (1950).

[72] SCHMITT, W.: Z. Naturforsch. 2b, 98 (1947).

[73] SCHMITT, W., u. R. PURRMANN: Z. Naturforsch. 3b, 411 (1948).

[74] FISCHER, E.: Ber. dtsch. chem. Ges. 27, 2985 (1894).

[75] KREBS, H. A.: Harvey Lectures, Ser. 44, 165 (1950).

[76] OGSTON, A. G.: Nature (Lond.) 162, 963 (1948).

[77] POTTER, V. R., and K. P. DuBois: J. Gen. Physiol. 26, 391 (1943).

[78] PAULING, L.: Chem. Eng. News 24, 1375 (1946).

[79] BRIEGLEB, G.: In Zwischenmolekulare Kräfte (Moosbacher biophysikalische Arbeitstagung 1948). Karlsruhe 1949.

[80] GUZMAN BARRON, E. S.: In Trends in Physiology and Biochemistry, p. 1. New York 1952.

[81] CHANCE, B.: In Trends in Physiology and Biochemistry, p. 23. New York 1952.

[82] WIELAND, TH., u. E. BOKELMANN: Liebigs Ann. 576, 20 (1952).

[83] RASCHIG, F.: Angew. Chem. 19, 1748 (1906).

[84] HOLLEY, R. W.: Science 117, 23 (1953).

[85] BUU-HOI: Bull. Soc. chim. France, Mém. (5) 13, 115 (1946).

[86] HINSHELWOOD, C. N.: Proc. Roy. Soc. (Lond.) 113A, 230 (1926).

[87] DUSCHINSKY, F.: C. r. Moskau 17, 73, 179 (1937).

[88] MÖGLICH, F., R. ROMPE u. N. W. TIMOFÉEFF-RESSOVSKY: Naturwiss. 27, 409 (1942).

[89] PERRIN, J.: J. Chim. phys. **3**, 102 (1907).

[90] MATTHEWS, A. P., and T. H. GLENN: J. of Biol. Chem. **9**, 29 (1911).

[91] v. EULER, H., u. K. MYRBÄCK: Z. physiol. Chem. **131**, 180 (1923).

[92] v. EULER, H., u. E. ADLER: Z. physiol. Chem. **238**, 233 (1936).

[93] KRAUT, H., u. W. V. PANTSCHENKO-JUREWICZ: Biochem. Z. **275**, 114 (1935).

[94] OSTWALD, W.: Physik. Z. **3**, 313 (1902).

[95] KRAUT, H., u. E. TRIA: Biochem. Z. **290**, 277 (1937).

[96] ALBERS, H., A. SCHNEIDER u. I. POHL: Ber. dtsch. chem. Ges. **75**, 1859 (1942); Z. physiol. Chem. **277**, 205 (1943). [Vgl. auch NORTHROP (Zitat 7), bes. S. 57.]

[97] WARBURG, O.: Erg. Enzymforsch. **7**, 210 (1938).

## Diskussion.

**DIRSCHERL** (Bonn): Ich möchte vorschlagen, sich zunächst über den Begriff „Transportmetabolit" zu unterhalten, den Herr BÜCHER zur Diskussion gestellt hat.

**HOLZER** (München): Auch echte Metaboliten können eine Transportfunktion übernehmen, z. B. denke ich an Brenztraubensäure, die eine Aminogruppen transportierende Funktion erfüllen könnte. Wir haben uns ebenfalls des öfteren die Frage vorgelegt, wie man die stöchiometrisch reagierenden Co-Fermente von den Substraten unterscheiden könnte.

DPN und TPN reagieren mit sehr vielen Proteinen, während ein großer Teil der Metaboliten nur mit wenig Proteinen reagiert. Aber in der Brenztraubensäure haben wir auch einen Fall, in dem ein Metabolit mit vielen Proteinen sich verbindet.

Es wird schwierig sein, zwischen normalen Substraten und den stöchiometrisch reagierenden Co-Fermenten zu unterscheiden. Dies erschwert die Definition des Begriffes „Transportmetabolit".

**BÜCHER**: In der SZENT GYÖRGYISchen Theorie der Zellatmung nimmt der Wasserstofftransport durch Substrate einen wesentlichen Platz ein. Es ist nicht einzusehen, warum man nicht auch normale Metaboliten als Transportmetaboliten ansprechen soll, wenn sie solche Funktionen erfüllen.

Ich sehe das Wesentliche einer Definition darin, daß sie auf eine Funktion hinweist. Unsere Erkenntnisse über die Eigenheiten dieser Funktion und ihre Bedeutung im Zellgeschehen werden möglicherweise bedeutenden Anteil bei den Bemühungen haben, die Fermenterfahrungen für die zellphysiologische Praxis nutzbar zu machen. Es entwickelt sich ein eigenes Forschungsgebiet. Zwei Beispiele hierzu:

Die integrierende Stellung eines Systems von Transportmetaboliten in der ganzen Organisation kann unter Umständen die Erfassung des Zustandes eines Stoffwechselsystems mit relativ wenigen Daten ermöglichen.

Die Beeinflussung der Transportmetaboliten durch katalytische Wirkungen gibt einen geeigneten Angriffspunkt für die „Steuerung"; da die

Transportsysteme im intakten Gefüge katalytisch wirken, ist die Voraussetzung für Katalyse an Katalysatoren, gewissermaßen Katalyse zweiter Ordnung gegeben.

Man sollte sich entschließen, durch die Bildung geeigneter Begriffe die Transportstoffe in ein eigenes Blickfeld zu stellen. Als Co-Fermente sind sie ein Appendix des Fermentgebietes, sie haben jedoch eine der Fermentlehre durchaus äquivalente Bedeutung, man könnte vielleicht auch Transportkatalysatoren sagen.

FELIX (Frankfurt a. M.): Das wäre besser.

BÜCHER: Das wäre bei dem von HOLZER gewählten Beispiel der Brenztraubensäure dasselbe. Es ist im Grunde unmöglich, einen Begriff so zu definieren, daß er nicht verschwommen wird, wenn man an die Grenzen geht. Transportmetabolite sind nicht nur insofern Metabolite, als sie Gruppen der Nahrungsstoffe tragen, sondern sie unterliegen überdies einer Reihe von spaltenden und synthetisierenden Reaktionen. Die Definitionsschwierigkeiten sind verursacht durch das Gefüge der wunderbaren und präzisen, aber auch außerordentlich vielfältigen Organisation, die sich nicht zerlegen läßt, ohne funktionsuntüchtig zu werden.

LANG (Mainz): Die angestrebte Formulierung halte ich für wichtig. Man sollte den Begriff „Transportmetabolit" einschränken auf die Fälle, in denen die betreffende Substanz einen geschlossenen Zyklus in sich einschließt, also wie beim DPN-System oder dem ATP-System. Bei der Brenztraubensäure ist dies nicht der Fall, diese wird als „echtes" Substrat lediglich durch verschiedene Reaktionen nach verschiedenen Richtungen umgeändert.

HOFFMANN-OSTENHOF (Wien): Ich habe vor einigen Jahren den Vorschlag gemacht*, Substanzen des Types von DPN, ATP als „zweite Substrate" aufzufassen und von der Gruppe der Co-Enzyme abzuteilen. Dabei wurden die „zweiten Substrate" und die Co-Enzyme in dem übergeordneten Begriff „Co-Faktoren" zusammengefaßt. MICHAELIS hat für Substanzen dieses Typs den treffenderen Ausdruck „enzymatische Komplemente" geprägt. Die Definition ist die folgende: Substanzen, die in einem gesamten, multiplen Enzymsystem als Katalysatoren wirken, d. h. nicht stöchiometrisch verändert werden, dagegen in einer Einzelreaktion Substrate sind. Diese Definition entspricht dem „Transportmetaboliten" und umfaßt nicht Brenztraubensäure.

Wir können also zwei Gruppen unterscheiden: die echten Co-Fermente, die sich im Verlauf einer Reaktion nicht stöchiometrisch ändern, das sind Co-Carboxylase, Pyridoxalphosphat, vermutlich auch die Liponsäure, Glucose-1,6-Phosphat u. dgl., vermutlich auch Glutathion. Als enzymatische Komplemente kennen wir Co-Enzym A, DPN, TPN und das Adenylsäuresystem.

---

* Anmerkung bei Niederschrift der Diskussion: Enzymologia **14**, 61 (1950).

**BÜCHER**: Um kurz auf die historischen Gesichtspunkte einzugehen, hat DIXON nachdrücklich den Standpunkt vertreten, daß die Pyridinnucleotide keine prosthetischen Gruppen der Dehydrogenasen seien. PARNAS hat in einer Reihe von Arbeiten diesen Standpunkt in bezug auf die zellphysiologische Organisation des Stoffwechsels forciert.

Ich würde es vorziehen, bei der Bildung des neuen Begriffs die Beziehung auf das Enzymatische zu vermeiden. Abgesehen davon, daß einige dieser Substanzen möglicherweise viel mehr „Metaboliten" sind, als wir heute anzunehmen geneigt sind, ist Metabolismus die Summe aller chemischen Veränderungen* innerhalb einer Zelle, und diese Substanzen unterliegen bei ihrer Transportfunktion dauernden chemischen Veränderungen.

Halten wir uns an die OSTWALDsche Definition für einen Katalysator, dann ist nicht gesagt, wieviel Komponenten ein solcher Katalysator hat. Wir können auch ein System, in dem sehr viele Komponenten zusammenwirken, noch als Katalysator bezeichnen, wenn wir die Bilanzreaktion entsprechend schreiben. Ob wir einer Substanz katalytische Funktionen zuschreiben dürfen oder nicht, hängt also davon ab, wo wir die Bilanz ziehen.

**KÜHNAU** (Hamburg): Selbst wenn wir die Einschränkung von Herrn LANG in Betracht ziehen, so müssen wir doch im Auge behalten, daß die Brenztraubensäure unter Umständen auch eine cyclisch reagierende Substanz sein kann. Ich meine, daß die Begriffsprägung von Herrn BÜCHER doch den tatsächlichen Gegebenheiten entspricht, halte es jedoch für besser, „Transport" wegzulassen und nur von Metaboliten zu sprechen.

**NETTER** (Kiel): Ich bin der Meinung, daß uns die Auffassung der Zelle als katalytisches System überhaupt doch eine genügende Freiheit in der Wahl der Bezeichnung lassen sollte. Ich begrüße die Abtrennung, wie sie vorgeschlagen wurde, es wäre nur zu fragen, ob durch die Bezeichnung „Transport" schon zu viel festgelegt ist. Ich würde den Oberbegriff „Metabolite" in „Kreis-" und „Durchgangsmetabolite" unterteilen.

**DIRSCHERL**: Wenn man den Kreis groß genug macht, kann man außerordentlich viele Metabolite einbeziehen.

**MARTIUS** (Würzburg): Ich stoße mich nicht an dem Ausdruck „Transport", sondern an dem Ausdruck „Metabolit". Unter „Metabolit" versteht man doch einzig ein Durchgangsprodukt im intermediären Stoffwechsel. Das trifft für die Oxalessigsäure, für die Fumarsäure und die Bernsteinsäure zu, trifft aber nicht für DPN und nur ganz bedingt für ATP und das Adenylsäuresystem zu. Vielleicht kann ich belehrt werden, wie der Begriff des Metaboliten philologisch aufzufassen ist.

**DIRSCHERL**: Ich glaube, der Lauf der Diskussion hat meiner Anregung, zunächst über den neuen Begriff zu sprechen, recht gegeben. Wir wollen uns nun anderen Fragen zuwenden.

---

* Anmerkung bei der Niederschrift der Diskussion: ... metabolism, a general term used to cover all the chemical changes going on in the cells and tissues of living organisms. (BALDWIN, E.: Dynamic Aspects of Biochemistry. Cambridge: University Press 1948.)

HOLZER: Was der Vortragende als eventuelle vierte Hypothese aufgezeichnet hat, scheint mir die Aussicht zu haben, mit der Zeit zum eigentlichen Geheimnis der Fermentkatalyse zu führen. Kann man schon etwas über den Mechanismus der Energieübertragung bei den photochemischen Versuchen an Kohlenoxydmyoglobin sagen? Hängt dieser Effekt mit den „Energiespritzen", die evtl. aus dem Protein in die Wirkungsgruppe übertragen werden, zusammen? Eine andere Frage: Hat man Anhaltspunkte dafür, daß es Proteine mit einer bestimmten spezifischen Aktivität gibt, die verschieden in ihrem Aufbau sind?

BÜCHER: Zur ersten Frage: Möglicherweise gibt es für die Kohlenoxydmyoglobin-Versuche auf der Grundlage der PERRIN-FOERSTERschen Theorie der Energiewanderung eine Erklärung (vgl. Zitat 20), nach der der Effekt auf einem Sonderfall beruht, der nicht ohne weiteres verallgemeinerungsfähig ist.

Zur zweiten Frage: Das markanteste Beispiel für verschiedenen Mechanismus bei gleicher Wirkung ist durch WARBURG mit der Aldolase aus Hefe, die auf die Mitwirkung zweiwertiger Metallionen angewiesen ist, und der Aldolase aus Muskeln, die keiner Mitwirkung solcher Kationen bedarf, aufgezeigt worden. Wir kennen andererseits auch Befunde, die darauf hinweisen, daß Fermente mit verwandten Wirkungen, Verwandtschaft in der Zusammensetzung haben. Ich sagte bereits, daß das Gebiet einer „vergleichenden Morphologie der Fermente" noch wenig bearbeitet worden ist. Die Verschiedenheiten in den Aminosäurezusammensetzungen der bis jetzt untersuchten Fermente sind im großen und ganzen beträchtlich, auch wenn diese Fermente im gleichen Organ entstehen. Diese markanten Unterschiede unterstützen nicht die Vorstellung, daß Fermentwirkungen durch einen Prozeß der Adaptation aus einer gemeinsamen Proteinvorstufe beliebig gebildet werden. Ribonuclease enthält z. B. kein Tryptophan, während andere Fermente des Pankreassaftes reich an dieser Aminosäure sind.

FELIX: Ist ein Fermentprotein bekannt, in dem kein Tyrosin vorkommt?

BÜCHER: Meines Wissens nicht.

FELIX: Müssen wir uns nicht mit der allgemeinen Eigenschaft der Eiweißkörper abfinden, daß sie immer Gemische sind? Fräulein Dr. PENDL hat in unserem Institut Pepsin an einer Säule in drei Fraktionen teilen können, die relativ weit auseinanderliegen und alle wirksam sind. Wir haben die Proteine noch nicht analysiert.

HOLZER: Ich möchte meine letzte Frage präzisieren: Kommen im gleichen Organ verschiedene Proteine mit der gleichen katalytischen Wirkung vor?

BÜCHER: Ob wir uns unter einem bestimmten Ferment eine bestimmte, bis auf die letzte Bindung und die letzte Aminosäure festgelegte Konstruktion vorstellen dürfen oder nicht, ist beim Stand unserer heutigen Erkenntnisse und Möglichkeiten der Erkenntnisbildung eine Frage der

Anschauung. Wir können es weder beweisen noch widerlegen. Eine Reihe von Arbeiten haben in der letzten Zeit gezeigt, daß in ein und derselben Zelle verschiedene Proteine mit der gleichen Fermentwirksamkeit zu existieren scheinen, so z. B. die von E. KREBS* über das oxydierende Gärungsferment in Hefe. Ich führte bereits aus, daß Unterschiede in den physikalischen Eigenschaften noch nicht zwingend auf markant unterschiedliche Konstruktion der Peptidkette schließen lassen.

BONNICHSEN (Stockholm): NEILANDS** hat kürzlich mitgeteilt, daß er Milchsäuredehydrase aus Muskeln elektrophoretisch in zwei aktive Komponenten zerlegen konnte.

HOFFMANN-OSTENHOF: Es ist bisher noch niemals nachgewiesen worden, daß zwei Fermente gleicher Wirkung aus verschiedenen Organismen chemisch identisch sind. Bei Enzymen mit verschiedenem chemischen oder physikalischen Verhalten aus demselben Organismus wäre auch an partielle Schädigungen bei der Präparation zu denken.

---

* Anmerkung bei der Niederschrift der Diskussion: J. of Biol. Chem. **200**, 471 (1953).

** Anmerkung bei der Niederschrift der Diskussion: J. of Biol. Chem. **199**, 373 (1952).

# Structurally-bound enzymes.

By

E. C. SLATER*.

*Molteno Institute, University of Cambridge.*

With 9 figures in the text.

It is likely that, within the intact cell, the freedom of movement of all enzymes is restricted. To that extent they could all be considered structurally-bound. However, from the purely experimental point of view, it is a striking fact that when a cell is ruptured, a number of enzymes go into solution, while others remain firmly bound to more or less large particles, which can be sedimented in ordinary centrifuges. It is these enzymes which we think of when we refer to structurally-bound enzymes.

All the particulate bodies — the nuclei, the mitochondria, the smaller granules called microsomes, the myofibrils of muscle, the chloroplasts of green plants — which are found in the homogenates obtained by disintegrating the cell contain their complement of firmly bound enzymes. Since it is impossible to deal with all this multitude of structurally-bound enzymes, this paper will be restricted to a discussion of a few aspects of mitochondrial enzymes.

## Historical.

BATTELLI & STERN (1912) were the first to show that the main respiration of the cell was associated with insoluble fractions of the cell. WARBURG (1913) also found that respiration was carried out by the granular components of the liver cell.

KEILIN's detailed studies of the cytochrome system, cytochrome oxidase and of the succinic oxidase system were largely carried out on heart-muscle preparations, very similar to those used by BATTELLI & STERN (KEILIN, 1929). KEILIN & HARTREE (1938) showed that the cytochrome oxidase activity was entirely

---

* Working on behalf of the Agricultural Research Council.

associated with particles which were removed by filtration through a Seitz filter. It was also shown that succinic dehydrogenase as well as the whole cytochrome system was contained in these particles, which constituted a highly active preparation for the aerobic oxidation of succinate (KEILIN & HARTREE, 1940, 1949). In fact, this preparation with a $Q_{O_2}^0$ of 750 $\mu$l. oxygen/mg. protein/hr. at 38° C is still the most active we have for this reaction.

BETWEEN 1944 and 1948, CLAUDE and his colleagues published a series of papers which showed that liver mitochondria isolated from a homogenate by differential centrifugation contained all the cytochrome oxidase and succinic dehydrogenase of the cell (CLAUDE, 1944; HOGEBOOM, CLAUDE & HOTCHKISS, 1946; HOGEBOOM, SCHNEIDER & PALLADE, 1948). Since it is probable that practically all the respiration of animal cells passes through the cytochrome system, this discovery meant that mitochondria were *necessary* for virtually all the respiration of the cell. During the past five years, it has become clea rchiefly from the work of GREEN (see GREEN, 1951) and LEHNINGER (see LEHNINGER, 1951) that all the reactions involved in the aerobic oxidation of pyruvate to carbon dioxide and water can proceed in the mitochondria, i. e. the mitochondria are *sufficient* for these reactions.

## Heart muscle.

The work mentioned in the above paragraph was carried out chiefly with liver and to a lesser extent with kidney. It is only during the last year or so that a detailed cytological examination of heart muscle has brought together the earlier biochemical work with heart-muscle preparations and the more recent work on mitochondria.

Since muscle contains as its major sedimentable fraction a component which is not present in liver or kidney, namely the myofibrils, it is obvious that the findings with liver and kidney could not be applied to heart muscle without further examination. In fact, the presence of mitochondria in muscle is seldom mentioned in text-books or reviews. There is, however, a wealth of information in the thorough cytological work of the nineteenth and early twentieth century. My colleague, Dr. CLELAND, has confirmed this early work, which may be represented diagrammatically in Fig. 1 and by photomicrographs in Fig. 2. The electron micrographs of KISCH & BARDET (1951) give a similar picture.

In between the myofibrils are rows of granules, distributed in a perfectly regular manner, one opposite each anisotropic band of the myofibril. These granules were described in the early

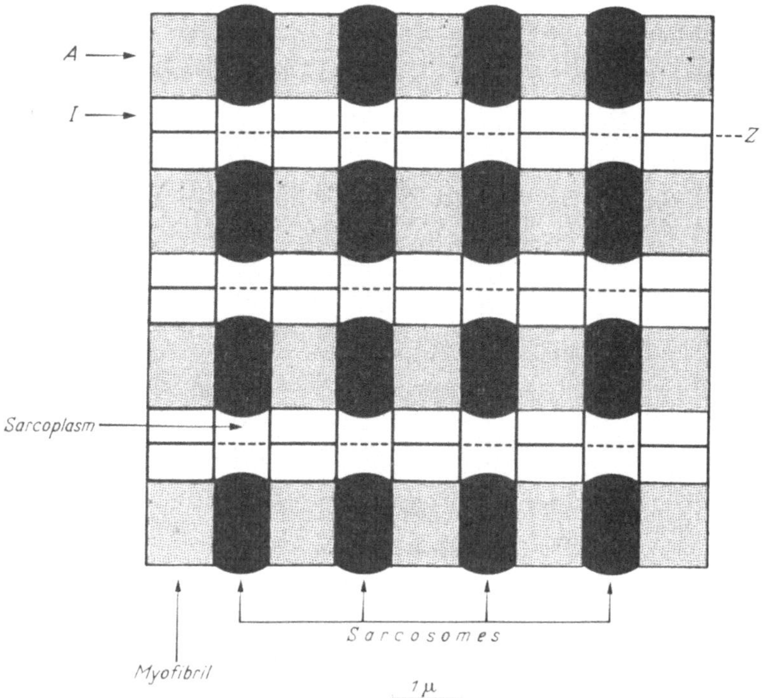


Fig. 1. Diagrammatic representation of the relation between heart-muscle sarcosomes and myofibrils. The sarcosomes are black, the A-disks stippled. (From CLELAND & SLATER, 1953a.)

morphological literature under a variety of names, including mitochondria. We prefer to use the name sarcosome, introduced by RETZIUS (1890). It is now clear that these sarcosomes correspond to the mitochondria of other tissues in that they contain at least the main part and probably all of the respiratory activity of the cell (CLELAND & SLATER, 1953b; HARMAN & FEIGELSON, 1952). The granules used in earlier studies of oxidative phosphorylation in heart muscle (OCHOA, 1943, 1944; SLATER, 1950a) were sarcosomes.

Dr. CLELAND and I were particularly interested in determining the origin of the particles used by KEILIN & HARTREE. These particles oxidize reduced diphosphopyridine nucleotide (DPN) as well as succinate (SLATER, 1950 b), but do not oxidize the

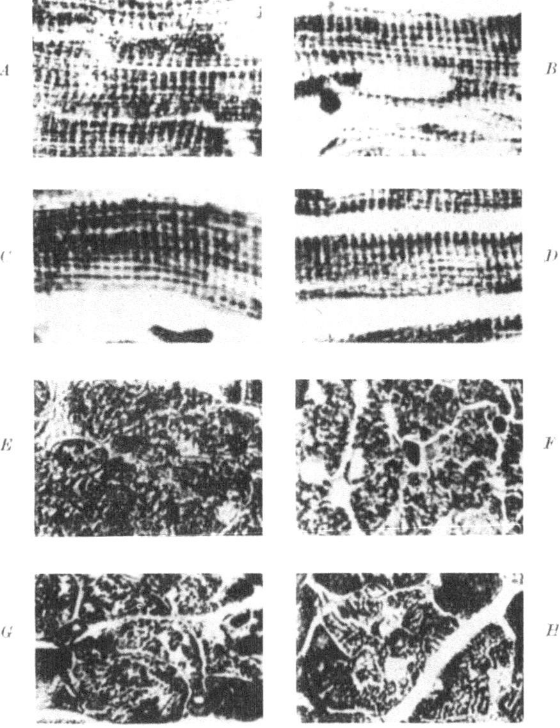

Fig. 2. Photomicrographs of sectioned rat-heart muscle. *A—D* Longitudinal section showing rows of sarcosomes (staining dark) between myofibrils and also (in *A* and *B*) at poles of nucleus. In the right lower corner of *A* is an intercalated disk, free of sarcosomes. The large bodies are red blood cells. *E—F* Transverse sections showing spherical (in *E* and *F*) and rod-shaped (in *G* and *H*) sarcosomes. The apparantly complex morphology of some of the sarcosomes is due to overlapping of several sarcosomes. From CLELAND & SLATER (1953a), reproduced by kind permission of the Company of Biologists.

other intermediates of the Krebs cycle, nor bring about oxidative phosphorylation. This preparation is made by washing horse heart mince (obtained from the slaughterhouse) for several hours at room temperature with tap water, then grinding the washed mince with sand in dilute phosphate buffer in a mechanical mortar followed by differential centrifugation.

5*

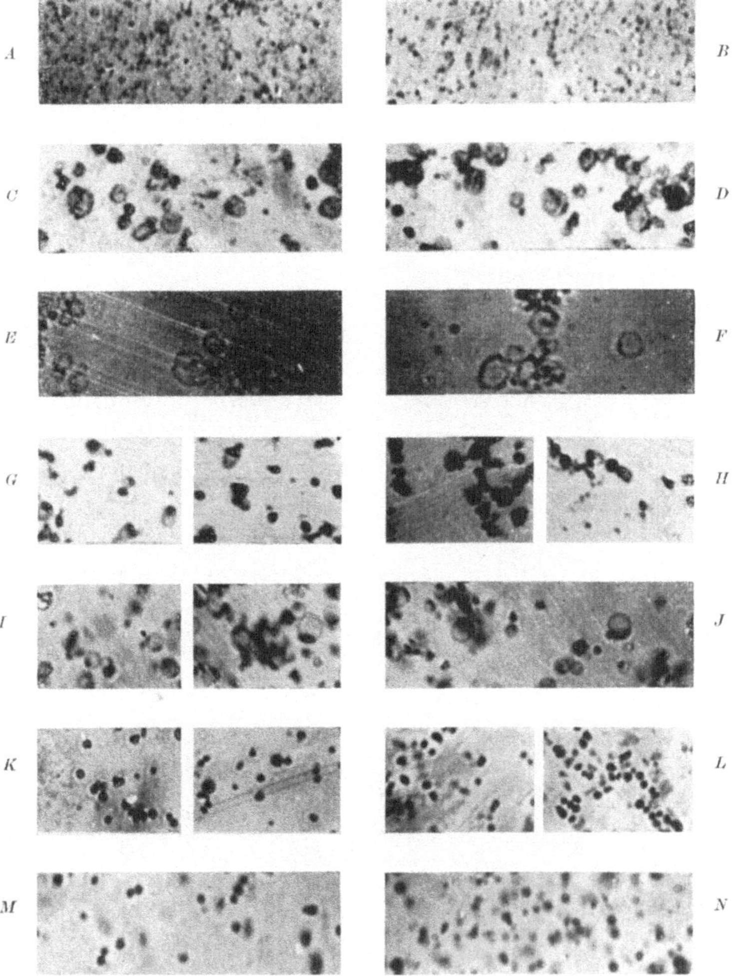

Fig. 3. Preparations of isolated sarcosomes fixed in osmic acid. Both unstained suspensions and dried smears stained in cresyl violet and mounted in glycerol are shown. *A* and *B*. Sarcosomes suspended in isotonic saline. The contents are somewhat blurred because of Brownian movement. *C* and *D*. Stained smears of sarcosomes shown in *A* and *B*. *E* and *F*. Swollen sarcosomes showing crescentic body, membrane and vesicle (cf. Fig. 2, *f* and *g*). *F* and *G*. Stained smears of sarcosomes shown in *E* and *F*. *I* and *J*. Suspensions of sarcosomes in distilled water (cf. Fig. 2, *i*). *K* and *L*. Stained smears of the vesicles shown in *I* and *J*. In *L*, the vesicles were partially fragmented by mechanical agitation. The small particles are to be compared with *M* and *N*. *M* and *N*. Stained smears of the KEILIN und HARTREE preparation. From CLELAND & SLATER (1953a), reproduced by kind permission of the Company of Biologists.

Fig. 3 and 4 show what happens to sarcosomes under hypotonic conditions. Much the same changes occur if the sarcosomes are allowed to stand for a few minutes at room temperature even in isotonic media, unless a calcium-chelating agent such as versene (ethylenediamine tetraacetic acid) is present. Added calcium

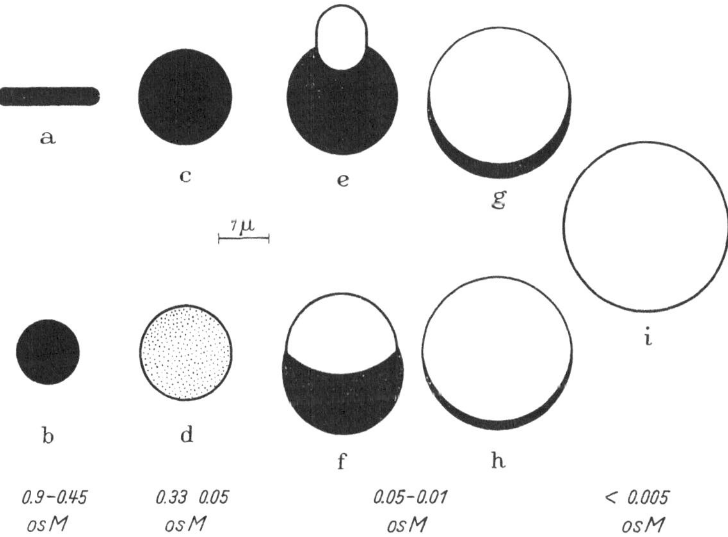


Fig. 4. Diagrammatic representation of morphological changes in sarcosomes under hypotonic conditions. (From CLELAND & SLATER, 1953 a.) *a*, rods in 0.88 M-sucrose. *b*, *c*, spheres in 0.5-osmolar and 0.05-osmolar respectively. *d*, the membrane as it sometimes appears in swollen sarcosomes which have not formed crescents. *e*, *f*, *g*, *h*, progressive disappearance of body as the tonicity is decreased from 0.05 to 0.015-osmolar. *i*, vesicles below 0.015-osmolar.

speeds up this process, so it may be significant that Cambridge tap water contains 0.0015 M-calcium.

We interpret these changes as follows. The sarcosome is composed of a central body gel surrounded by a membrane. The membrane was first observed by KÖLLIKER (1888) in insect sarcosomes. As the tonicity of the medium is decreased the body progressively disappears, presumably by dissolving in the water which enters the sarcosome, until eventually a large vesicle surrounded by the membrane is all that remains. Under these conditions, the stretched membrane is fragile and it is broken into little particles by relatively mild mechanical treatment, such as shaking a suspension in a test tube. So far as we can see by microscopical examination, these particles appear to be identical with those of the Keilin & Hartree preparation. We conclude, then, that this preparation consists of ruptured sarcosomal membrane. It is possible that many of the enzymes which are present in the intact sarcosomes, but absent from the Keilin & Hartree preparation, are actually dissolved in the contents of the vesicle and are left behind in the supernatant when the small granules of the Keilin & Hartree preparation are sedimented. Although we have not yet direct evidence of this, it is noteworthy that many enzymes which are involved in the Krebs cycle are readily extractable from heart-muscle mince by stirring with salt solutions, e. g. Ochoa's condensing enzyme (Ochoa, Stern & Schneider, 1951), α-ketoglutaric dehydrogenase (Kaufman, 1951) or fumarase (Massey, 1952). It is likely that autolysis and probably the swelling of the sarcosome which is promoted by calcium present in the heart-muscle mince (Slater & Cleland, 1953) are involved.

The Keilin & Hartree preparation, however, represents the fraction of the sarcosome which is much more difficult to bring into solution. It contains flavoprotein, succinic dehydrogenase and the entire cytochrome system firmly bound to the particles. These are the enzymes which constitute the respiratory chain, transferring the hydrogen atoms or electrons from succinate or reduced DPN to molecular oxygen. The recognition that the respiratory chain is situated in the sarcosomal membrane explains certain observations which are otherwise difficult to fit in with the concept that mitochondria or sarcosomes possess membranes. For example, these granules react rapidly with either reduced or oxidized cytochrome $c$ added in solution. Since cytochrome $c$ is a protein of molecular weight about 12,500, it would hardly be expected to penetrate a membrane of the usual type, but it could react with proteins in the membrane.

### Respiratory chain.

An idea of just how firmly these components of the respiratory chain are bound to the particles of the Keilin & Hartree preparation can be obtained by studying the effect of dilution on the activity. The experiment described in Fig. 5 was carried out with micro-manometric flasks which made it possible to measure small oxygen uptakes accurately. Within the limits of this apparatus, the rate of oxygen uptake is perfectly proportional to the concentration of protein, with no sign of dissociation of any component. It is possible to measure the concentration of cytochrome $c$ in a concentrated heart-muscle preparation and, from this value, we can calculate that the dissociation constant of cytochrome $c$ from the particles cannot exceed $4 \times 10^{-11}$ M, which is an extremely small value.

The straight line shown in Fig. 5 is obtained only in the presence of an activator of the system. BONNER (1953) has shown that, in the absence of an activator, the curve relating activity to concentration is markedly concave upwards (Fig. 6). In fact, the activator has relatively little effect on concentrate d enzyme preparations, but has a marked effect on dilute suspensions. This activation of the succinic oxidase system

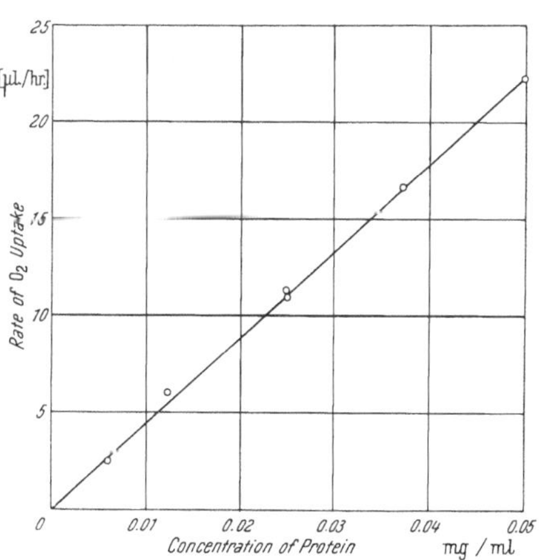


Fig. 5. Rate of oxidation of succinate (0.032 M) by different concentrations of KEILIN & HARTREE heart-muscle preparation. Phosphate buffer, pH 7.4, 0.07 M; versene, 0.001 M. Temperature, 25°. (From SLATER & HOLTON, 1953).

of dilute heart-muscle preparations was discovered by KEILIN & HARTREE (1949) who found that a number of different types of materials were effective, e. g. phosphate buffer, denatured globin or calcium phosphate gel. BONNER has added a number of substances to this list, e. g. histidine, lysine, aspartic acid, 8-hydroxyquinoline and versene. The activator used in Fig. 5 was versene.

It is not clear what happens to the system at high dilution. It may be that the particles tend to come apart by some sort of surface phenomenon and the activator prevents this in some way. Alternatively, the activator may be needed only at high dilution because the preparation itself contains some activator which is dissociated at high dilution. There is, however, no evidence that any of the components of the enzyme system, e. g. cytochrome $c$, themselves dissociate off the particles at high dilution. It is probable that these components are still firmly bound to particles, but not in the right place for efficient hydrogen or electron transfer. In some way, the activator brings the components back into the right place. It is noteworthy, although we do not know quite

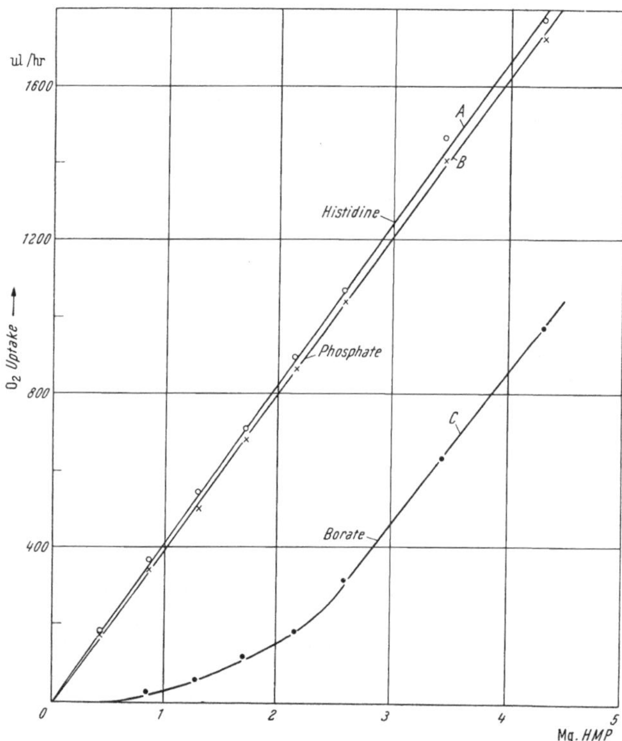


Fig. 6. The effect of the concentration of the KEILIN & HARTREE preparation on the rate of oxidation of succinate (0.04 M). Curve A, 0.1 M-borate buffer, 0.01 M-histidine; Curve B, 0.13 M-phosphate buffer; Curve C, 0.1 M-borate buffer. Temperature, 38°; pH, 7.3, vol. 3 ml. (From BONNER, 1953.)

what it means, that most of the activating agents are powerful chelating agents for metals. BONNER has clearly shown, however, that the activation is not simply due to the removal of trace metals, as was suggested by ALTMANN & CROOK (1953).

Theoretically, we should be able to activate the system in another way. Instead of adding an activator to bring into play the components already present in an inactive form, it should be possible to reactivate the system by adding large amounts of the components themselves. We can, in fact, do this with cytochrome $c$, as the results of Table 1 show. In the presence of an activator, either a sufficient concentration of phosphate or globin or both, the addition of cytochrome $c$ had relatively little effect, increasing the activity by only 20—30%. In the absence of any activator, added cytochrome $c$ almost trebled the activity. It is not surprising that the activation was not complete under these conditions, since cytochrome $c$ is probably not the only component whose accessibility is affected in the absence of the activator.

Table 1. *Activation of succinic oxidase system of* KEILIN & HARTREE *preparation by phosphate, denatured globin or cytochrome c* (From SLATER, 1949a.)

| [Phosphate] (M) | Globin* | Cyt. $c$** | $Q_{O_2}$ |
|---|---|---|---|
| 0.03 | — | — | 124 |
| 0.03 | — | + | 349 |
| 0.03 | + | — | 595 |
| 0.03 | + | + | 716 |
| 0.14 | — | — | 467 |
| 0.14 | — | + | 604 |
| 0.14 | + | — | 520 |
| 0.14 | + | + | 695 |

*  0.14% denatured globin.
** $4 \times 10^{-5}$ M.

Similarly the rate of oxidation of reduced DPN in the absence of an activator can be increased by the addition of STRAUB's flavoprotein (Table 2). In this case, cytochrome $c$ had little effect. Apparently, the accessibility of flavoprotein to the system is the rate-limiting factor.

Although cytochrome $c$ is very firmly bound to the particles of the heart-muscle preparation, it is in fact very easy to prepare cytochrome $c$ in solution and to purify it. The usual method makes use of the exceptional stability of cytochrome $c$ to

Table 2. *Activation of DPNH oxidase system of* KEILIN & HARTREE *preparation by* STRAUB's *flavoprotein.* (From SLATER, 1950b.) (Heart-muscle preparation, 0.093 mg. protein/ml.; phosphate, pH 7.3, 0.022 M).

| Addition | Rate* |
|---|---|
| None | 2.98 |
| Cyt. $c$ ($3.8 \times 10^{-5}$ M) | 3.40 |
| Flavoprotein | 5.32** |
| Cyt. $c$ + Flavoprotein | 5.57** |

*  (1 unit = optical density change at 340 m$\mu$ of 0.01/min.)
** Corrected for rate of oxidation of DPNH by flavoprotein alone.

trichloroacetic acid in concentrations which precipitate most other proteins (KEILIN & HARTREE, 1945). But it can also be extracted from heart-muscle mince in a simple way. TSOU (1952) showed that if heart-muscle was washed with water and then stirred with strong salt solution, the cytochrome $c$ went into solution (see also SCHNEIDER, CLAUDE & HOGEBOOM, 1948). After purification, this cytochrome $c$ was identical with that prepared with trichloroacetic acid. The KEILIN & HARTREE heart-muscle preparation made from mince treated in this way was similar to a normal preparation, except that it required cytochrome $c$ for activity even in the presence of an activator of the type of denatured globin. But the surprising thing is that the cytochrome $c$ attached to the particles of a normal KEILIN & HARTREE preparation is not extracted by strong salt solutions. Nor, in fact, can it be extracted by trichloroacetic acid. We do not understand why trichloroacetic acid or neutral salt solutions can extract cytochrome $c$ from the intact membrane (water-washed heart-muscle mince), but not from the particles obtained by the disintegration of the membrane.

TSOU showed that the removal of cytochrome $c$ from the water-washed mince is reversible. If the salt-extracted water-washed mince is allowed to stand in salt-free cytochrome $c$ solution, the cytochrome $c$ is incorporated into the sarcosomes. The KEILIN & HARTREE preparation made from a mince treated in this way is identical with a normal preparation.

### Identification of components of respiratory chain.

Since the components of the enzyme systems bringing about the aerobic oxidation of succinate or of reduced DPN are so firmly bound to the particles, the method often employed in biochemistry to elucidate the components of a complex system, namely physical separation of the components, has not played such a large part in the investigation of the respiratory chain. The only components which had been separated and purified until very recently were cytochrome $c$ (KEILIN, 1930; THEORELL, 1935; KEILIN & HARTREE, 1937, 1945) and a flavoprotein with high diaphorase activity (STRAUB, 1939). In the last few years, special methods of treating the particles in a way calculated to break the phospholipid-protein bonds have yielded promising results. For example, MORTON (1950) prepared a soluble succinic dehydrogenase by treatment with butanol. SMITH & STOTZ (1950) have purified cytochrome oxidase by treatment of the particles with

crude proteolytic enzymes in the presence of bile salts. However,
neither of these isolations, although promising, have yet contri-
buted much to our understanding of the system. MAHLER, SARKAR,
VERNON & ALBERTY (1952) have also isolated from heart-muscle
a flavoprotein which directly catalyses the oxidation of reduced
DPN by soluble cytochrome $c$. This flavoprotein is different from

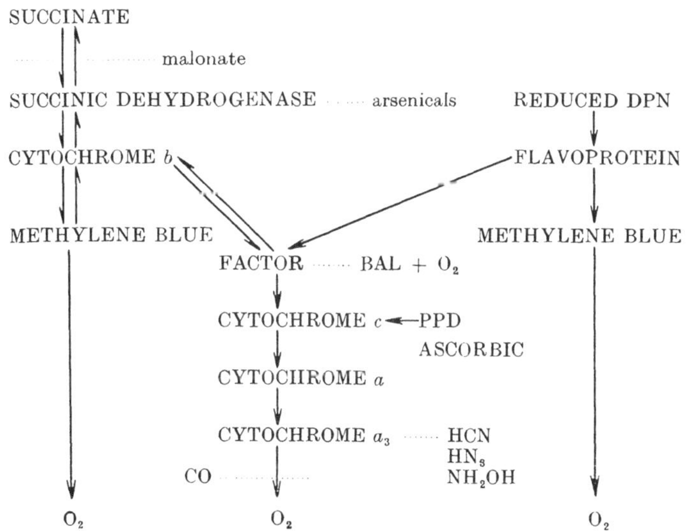


Fig. 7. Succinic oxidase system and DPNH oxidase system. Arrows show direction of hydrogen transfer. Dotted lines show point of attack of various inhibitors. PPD = p-phenylenediamine.

STRAUB's flavoprotein which reacts with reduced DPN but not
with cytochrome $c$.

Most of our detailed information about the respiratory chain
has come not from physical separation but by isolating different
portions of the reaction chain by the use of specific inhibitors
and artificial hydrogen donors or acceptors, and by direct spectroscopic studies. There is not the time to go into the details of the
evidence for the reaction scheme for the oxidation of succinate
and reduced DPN which is presented in Fig. 7. This scheme
shows the places where various inhibitors and artificial hydrogen
donors or acceptors react. Additional coenzymes ($\alpha$-lipoic acid and
coenzyme A) are involved in the oxidation of the $\alpha$-keto acids,
pyruvate and $\alpha$-ketoglutarate.

The presence of the factor was indicated by a study of the mechanism of action of certain reducing agents [glutathione, BAL (2:3 dimercaptopropanol), ascorbic acid] which, when incubated with the heart-muscle preparation in the presence of air, inactivate the respiratory chain without any effect on the activities of dehydrogenases, coenzymes, flavoproteins, the known cytochrome components or cytochrome oxidase (SLATER, 1949b, 1950b). Since haematin compounds (e. g. haemoglobin) are destroyed by coupled oxidation with reducing agents in the presence of air, it is possible that this factor is also a haematin compound. The total haematin content of a heart-muscle preparation is decreased after incubation with these reducing agents in the presence of air, although the intensities of the cytochrome bands are not affected. It has been known for some time (KEILIN, 1927) that tissues contain much more haematin than can be accounted for by the cytochromes and other identified haematin compounds. According to POTTER & REIF (1952) and CHANCE (1952), antimycin inhibits respiration by combining stoichiometrically with the same factor and they have used antimycin to "titrate" the concentration of the factor. Certain other substances [narcotics (KEILIN 1925; KEILIN & HARTREE, 1940); hydroxy-naphthoquinones (BALL, ANFINSEN & COOPER, 1947), 44′-dihydroxystilbene (CASE & DICKENS, 1948); surface active compounds (SLATER, 1949a)] inhibit respiration in a manner resembling the inactivation brought about by incubation with reducing agents, but it is not yet certain whether these substances act specifically on the factor or inactivate by a non-specific physical action, similar to the effect of dilution in the absence of activator.

## Kinetics of respiratory chain.

We should now give some thought to the problem of how the individual components of the enzyme system which are all firmly bound to insoluble particles react with one another. Very little indeed is known about this, but a few relevant facts may be mentioned.

(1) In many respects, the behaviour is the same as if the components possessed freedom of movement within the particles and reacted together by binary collision. It was recognised by KEILIN (1925) that the state of oxidation of cytochrome in the living cell

represented a dynamic steady-state, governed by the activities of the systems reducing and oxidizing cytochrome. Moreover, the degree of oxidation in the steady-state was not the same for all the components of cytochrome. For example, in the presence of narcotics, cytochrome $b$ was largely reduced while cytochromes $c$ and $a$ were oxidized. CHANCE (1952) has recently made quantitative measurements of the steady-state in the KEILIN & HARTREE heart-muscle preparation oxidizing succinate. He found that cytochrome $a_3$ was 87% oxidized; cytochrome $a$, 69%; cytochrome $c$, 64% and cytochrome $b$, 68%. From these values and the overall rate of oxidation, CHANCE was able to calculate the bimolecular rate constants for the reaction between individual components,

$$\text{succinate} \xrightarrow{k_9} s \xrightarrow{k_7} \text{cyt. } c \xrightarrow{k_5} \text{cyt. } a \xrightarrow{k_3} \text{cyt.} a_3 \xrightarrow{k_1} O_2$$

where $s$ represents succinic dehydrogenase plus the factor. CHANCE's values are $k_1 = 10^7$, $k_3 = 3 \times 10^7$, $k_5 = 3 \times 10^7$, $k_7 = 4 \times 10^7$, $k_9 = 10^4$ $M^{-1}sec.^{-1}$ at 26° C. CHANCE does not calculate a rate constant for cytochrome $b$, because he does not believe that it is in the reaction chain. If it is in the reaction chain, as we believe, it is clear from CHANCE's data that the velocity constants for the reactions of cytochrome $b$ are of the same order of magnitude as $k_1$, $k_3$, $k_5$ and $k_7$.

The difficulty about these calculations is to know what value to use for the concentration of the reactants. Although it is possible to determine the concentration of cytochrome $c$ in terms of $\mu$moles/ml. of suspension, the cytochrome $c$ is not uniformly dispersed in the suspension, but confined to the same particles which contain those components with which it reacts, for example cytochrome oxidase. The effective concentration is, therefore, probably much greater. Since CHANCE's rate constants for the reactions between components of the system were calculated on the assumption that the effective concentration of cytochrome $c$ was the same as that of a spectroscopically equivalent solution, it is probable that they are much too high. However, it is possible that all these rate constants are subject to the same error, so that the relative values of the constants may be valid and useful.

Another experiment which illustrates that the components have some degree of freedom within the particles is the following.

If the preparation is shaken with BAL under such conditions that the succinic oxidase system is almost completely inactivated and succinate is then added to the preparation, the only band of cytochrome which is visible for some time is that of cytochrome $b$. After some minutes, faint bands of cytochromes $c$ and $a$ appear and these grow in intensity until the cytochromes are completely reduced (Slater, unpublished). A similar experiment may be carried out after the irreversible inactivation of succinic dehydrogenase by cyanide. All the components of cytochrome are slowly but completely reduced (Tsou, 1951). Experiments of this type make it unlikely that the individual components of cytochrome are formed into one macromolecule containing one of each of the components, as has been suggested by Chance (1952). (2) Although there appears to be some freedom of movement within each particle, there is probably very little reaction between the systems in different particles. For example, a preparation which has been treated with arsenicals contains all the components intact except succinic dehydrogenase. A preparation which has been shaken in air with BAL contains all the components intact except the intermediary factor. Although a mixture of the two preparations contains all the components, it does not oxidize succinate (Slater, 1949 b).

Despite these inherent difficulties in studying the kinetics of structurally-bound enzymes, there are several things we can do. For example, we can determine the rate constant of the reaction between reduced DPN and flavoprotein in the following way.

If cyanide is added to inhibit cytochrome oxidase, reduced DPN is not oxidized by heart-muscle preparation. However, its oxidation is restored by the addition of methylene blue. The reactions may be written

$$(1)\ \text{DPNH} + \text{Fl} + \text{H}^+ \xrightarrow{k_1} \text{DPN}^+ + \text{FlH}_2$$

$$(2)\ \text{FlH}_2 + \text{MB} \xrightarrow{k_3} \text{Fl} + \text{MBH}_2$$

$$(3)\ \text{MBH}_2 + \text{O}_2 \longrightarrow \text{MB} + \text{H}_2\text{O}_2$$

where $\text{DPN}^+$ and DPNH are oxidized and reduced DPN, Fl and $\text{FlH}_2$ are oxidized and reduced flavoprotein and MB and $\text{MBH}_2$ oxidized and reduced methylene blue. Reaction (1) may be the sum of a number of individual reactions; for example, it is possible but by no means certain that DPNH and the flavine combine to form a MICHAELIS-MENTEN enzyme-substrate compound; it is probable that the hydrogen or electron transfer occurs by single electron steps (MICHAELIS, 1949). $k_1$ is the rate constant of the rate-determining step of the individual reactions whose sum is reaction (1). From our knowledge of the oxidation-reduction potentials of DPN and flavine, we can safely ignore the back reaction of equation (1).

We can easily arrange conditions so that reaction (3) is much faster than the other reactions. In this case, it can be calculated that

$$v = \frac{k_1 \, [\text{Flavoprotein}][\text{DPNH}]}{1 + \dfrac{k_1 \, [\text{DPNH}]}{k_3 \, [\text{MB}]}}$$

where v is the rate of oxidation of DPNH and [Flavoprotein] is the total concentration of flavoprotein, both oxidized and reduced. The concentration of $H^+$ has been omitted from these equations, since it is assumed that reactions involving ions will not be a rate-determining step. Following the procedure of LINEWEAVER and BURK (1934), we can write this

$$\frac{1}{v} = \frac{1}{[\text{Flavoprotein}]} \left( \frac{1}{k_1 \, [\text{DPNH}]} + \frac{1}{k_3 \, [\text{MB}]} \right)$$

and if we plot $\dfrac{1}{v}$ against 1/[MB] we get a straight line. An actual experiment is shown in Fig. 8. From the intercept of the straight line when 1/[MB] = 0, i. e. when [MB] = $\infty$ and reaction (2) is infinitely fast, we can obtain $k_1$ [Flavoprotein] [DPNH]. Since we know the value of [DPNH], we can calculate $k_1$, provided the concentration of Flavoprotein is known. This is the chief uncertainty, but if we can assume that all the flavine-adenine-dinucleotide in heart-muscle preparation reacts with DPNH in this way, we can equate the total FAD content of the heart-muscle preparation with the flavoprotein content. In this way, we obtain the value $k_1 = 2.2 \times 10^5$ $M^{-1}$ sec.$^{-1}$ at 20°. Incidentally, it is significant that the total FAD content of the KEILIN & HARTREE preparation is 0.66 $\mu$moles/g. protein (SLATER, unpublished), a value very close to the contents of cytochrome $c$ and $b$ (SLATER, 1949 c).

It is interesting to compare the value for $k_1$ with that for
the rate constant of the reaction between its substrate and another
flavoprotein, notatin, the glucose-specific flavoprotein (Keilin
& Hartree, 1948). This has been calculated in another way

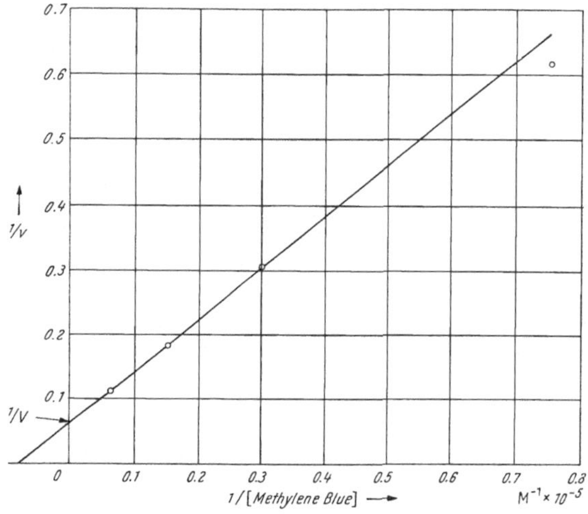


Fig. 8. Calculation of the rate constant of the reaction between DPNH and flavoprotein in
the Keilin & Hartree heart-muscle preparation. (Slater, unpublished experiments). Ordinate, 1/activity ($v$), where $v$ is expressed in units (1 unit = optical density change at 340 m$\mu$
of 0.01/min.). $V$ = activity when [methylene blue] = $\infty$. Concentration of heart muscle
preparation, 0.046 mg./ml.

from some data of Laser's (1952) on the effect of oxygen tension
on the rate of oxidation of glucose by this enzyme.

The general equations of an enzyme reaction may be written,
following the Michaelis & Menten (1913) theory, in the form

$$(4)\quad \text{E} + \text{S} \underset{k_2}{\overset{k_1}{\rightleftharpoons}} \text{ES}$$

$$(5)\quad \text{ES} \xrightarrow{k_3'} \text{E} + \text{products}$$

In equation (5), the symbol $k_3'$ is used to indicate that it is not a
true rate constant but includes factors determined by the nature
and concentration of the hydrogen-acceptor which is necessary
for an oxidizing enzyme.

BRIGGS & HALDANE (1925) showed that the MICHAELIS constant ($K_m$) equalled $\dfrac{k_2 + k_3{}'}{k_1}$, which we may write $\dfrac{k_2\,\mathrm{e} + k_3{}'\mathrm{e}}{k_1\,\mathrm{e}} = \dfrac{k_2\,\mathrm{e} + V}{k_1\,\mathrm{e}}$ where $V$ is the velocity when the enzyme is saturated with its substrate, and e is the total enzyme concentration. According to this equation, $K_m$ is proportional to $V$, which in many cases may be varied by altering the nature or the concentration of the hydrogen acceptor. Thus, if $K_m$ is plotted against $V$, a straight line will be obtained (Fig. 9). A number of important constants of the enzyme may be calculated from this straight line. Firstly, when $V = 0$, i. e. the point at which the line crosses the ordinate, $K_m = k_2 e/\mathrm{k}_1 e = k_2/k_1$, which equals the thermodynamic dissociation constant of the combination of the enzyme with its substrate. Secondly, when $K_m = 0$, i. e. the point at which the line crosses the abscissa, $V = -k_2 e$. Thus, if we know

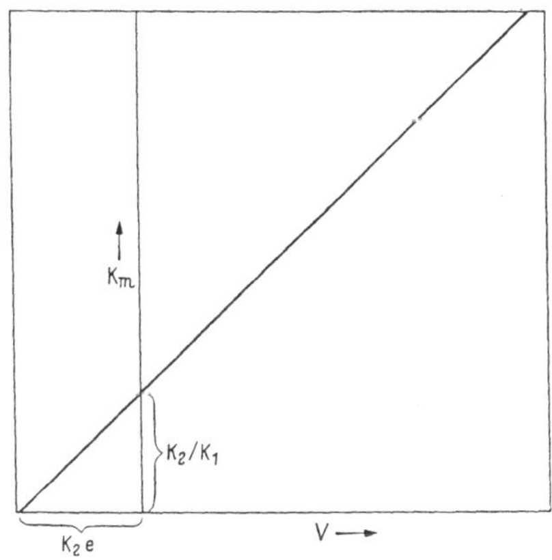



Fig. 9. Calculation of dissociation constant of enzyme-substrate compound ($k_2/k_1$) and rate constants of enzyme from variation of $K_m$ with $V$.

the enzyme concentration, $k_2$ can be calculated and from the value of $k_2/k_1$, we can calculate $k_1$. This method of calculating the rate constants of an enzyme from the kinetics of the reaction catalysed by an enzyme cannot be used when $k_2$ is very large compared with $k_3$, as assumed in the MICHAELIS & MENTEN theory. Fortunately, it appears that the limiting assumptions of the MICHAELIS & MENTEN theory rarely apply to oxidizing enzymes.

When LASER's (1952) data were plotted as in Fig. 9, the straight line passed through the origin, i. e. $k_2 = 0$. The enzyme concentration was calculated from KEILIN & HARTREE's (1948) data for the pure enzyme. In this way, it was found that $k_1 = 4 \times 10^{-5}$ M$^{-1}$sec.$^{-1}$ at 39° C (SLATER, unpublished data).

The zero-value for $k_2$ indicates that the rate-limiting step in the reaction of notatin with glucose has no measurable back reaction, and it is very likely that $k_1$ is the rate constant of the reaction

$$\text{Glucose} + \text{Fl} \longrightarrow \text{Gluconolactone} + \text{FlH}_2$$

It is not always convenient to measure the $K_m$ directly, since this often involves measuring the rate of the reaction at low concentrations of substrate. The rate constants of succinic dehydrogenase were determined by a slight variant of this method, in which the effective $K_m$ was made much larger by the addition of a competitive inhibitor (SLATER & BONNER, 1952). This enabled us to carry out the reaction with high concentrations of succinate. Fluoride + phosphate were used as the competitive inhibitor. THORN (1953) has repeated our experiments with malonate as the inhibitor and has obtained very similar results. It is possible in this way to obtain quite accurate values of $k_1 e$ and $k_2 e$, but to calculate the actual rate constants we need to know $e$. There is no way of determining this at present, but it is rather striking that the concentrations of all the components of the succinic oxidase system which we can measure spectrophotometrically are markedly similar. We are probably justified, then, in order to obtain the order of magnitude of these constants, to assume that the concentration of succinic dehydrogenase is the same as that of cytochrome $c$. This gives the values $k_1 = 0.7 \times 10^5$ $\text{M}^{-1}\text{sec.}^{-1}$, $k_2 = 2 \text{ sec.}^{-1}$.

It is not surprising to find that $k_2$ has a definite value in this case, since the discovery of competitive inhibition by malonate (QUASTEL & WOOLDRIDGE, 1928) shows the reversible formation of an enzyme-substrate compound of the type envisaged by MICHAELIS & MENTEN (1913). The value of $k_1$ is the same order of magnitude as that obtained by CHANCE (1952) by a totally different method, viz. $10^4 \text{ M}^{-1}\text{sec.}^{-1}$ at $26°$.

Another type of reaction which we can study is the oxidation of reduced cytochrome $c$ in solution by the cytochrome oxidase bound to the particles. If we can write the reaction

$$c \cdot\cdot + \text{cyt.ox.} \cdot\cdot\cdot \xrightarrow{k_1} c \cdot\cdot\cdot + \text{cyt.ox.} \cdot\cdot$$

$$\text{cyt.ox.} \cdot\cdot \xrightarrow{k_3{}'} \text{cyt.ox.} \cdot\cdot\cdot$$

then we have
$$v = \frac{k_3{}'\,[\text{cyt.ox.}]}{1 + \dfrac{k_3{}'}{k_1}\left(\dfrac{1}{[c\cdot\cdot]}\right)}$$

where [cyt.ox.] is the total concentration of cytochrome oxidase. From the data previously published (SLATER, 1949d) on the concentration of cytochrome $c$ necessary to give half optimal activity $\left( = K_m = \dfrac{k_3'}{k_1} \right)$ and the activity at infinite cytochrome $c$ concentration ($k_3'$ [cyt.ox.]), we can calculate $k_1$. For this calculation, it has been assumed that the concentration of cytochrome oxidase equals that of the endogenous cytochrome $c$ of the preparation. The value of $k_1$ comes out to be $4 \times 10^6$ M$^{-1}$sec.$^{-1}$ at 38°,

Table 3. *Rate constants of components of respiratory chain.*

| Reaction | Temp. (°C) | $k_1$ (M$^{-1}$sec.$^{-1}$) | $k_2$ (sec.$^{-1}$) | $k_3'$ (sec.$^{-1}$) |
|---|---|---|---|---|
| DPNH + Fl $\xrightarrow{k_1}$ DPN + FlH$_2$ | 20 | $2.2 \times 10^5$ | — | — |
| succinate + E $\underset{k_2}{\overset{k_1}{\rightleftarrows}}$ succinate. E | 38 | $0.7 \times 10^5$ | 2 | — |
| succinate. E $\xrightarrow{k_3'}$ fumarate + E (aerobic oxidation) | 38 | — | — | 32 |
| c$\cdot\cdot$ + cyt. ox. $\cdots$ $\xrightarrow{k_1}$ c$\cdots$ + cyt. ox. $\cdot\cdot$ (soluble) | 38 | $40 \times 10^5$ | — | — |
| cyt. ox. $\cdot\cdot$ $\xrightarrow{k_3'}$ cyt. ox. $\cdots$ (aerobic oxidation) | 38 | — | — | 216 |

which is considerably lower than CHANCE's value for the reaction between cytochrome $c$ and cytochrome $a$ ($30 \times 10^6$ M$^{-1}$sec.$^{-1}$ at 26°). In view of the comments made above on the effective concentration of the cytochromes in the particles, it is not surprising that the value for added cytochrome $c$ should be less than CHANCE's value. It is in fact somewhat surprising that the difference is not greater.

Studies of the kinetics of enzymes are usually made with soluble and highly purified enzymes. Unfortunately, only a few of the components of the respiratory chain have been isolated and purified. There is no doubt that the study of the detailed mechanism of the interactions of the individual components of the respiratory chain would be greatly helped by the purification of other components. But the measurements which have been described above and are summarized in Table 3 show that a considerable amount of information can be obtained, even when the enzymes are firmly bound to particulate material. Further information about the relative rates of the reactions of the individual components of the respiratory chain can be obtained by Chance's (1952) method of measuring the steady-state concentration. Every effort should be made to purify the individual components, but it is also necessary to study the particulate system for two reasons. In the first place, it may in fact be impossible to separate some structurally-bound enzymes from particulate material, without irreversibly altering the properties of the enzyme. Secondly, since the enzymes are bound to these structures in the cell, it would still be necessary to study their properties when bound to particulate elements, even if we understood how two pure components reacted together in solution. Only in this way can we arrive at a complete understanding of their mode of action *in vivo*, which is our ultimate aim.

## References.


Altmann, S. M., & E. M. Crook: Nature (Lond.) **171**, 76 (1953).

Ball, E. G., C. B. Anfinsen & O. Cooper: J. of Biol. Chem. **168**, 257 (1947).

Battelli, F., & L. Stern: Erg. Physiol. **15**, 96 (1912).

Bonner, W. D.: Biochemic J. 1953 (in the Press).

Briggs, G. E., & J. B. S. Haldane: Biochemic J. **19**, 338 (1925).

Case, E. M., & F. Dickens: Biochemic J. **43**, 481 (1948).

Chance, B.: Nature (Lond.) **169**, 215 (1952).

Claude, A.: J. of Exper. Med. **80**, 19 (1944).

Cleland, K. W., & E. C. Slater (1953a): Submitted for publication.

Cleland, K. W., & E. C. Slater (1953b): Biochemic J. **53**, 547 (1953); Quarterly Journal of Microscopical Science (in the Press).

Green, D. E.: Biol. Rev. **26**, 410 (1951).

Harman, J. W., & M. Feigelson: Exper. Cell Res. **3**, 47 (1952).

Hogeboom, G. H., A. Claude & R. D. Hotchkiss: J. of Biol. Chem. **165**, 615 (1946).

Hogeboom, G. H., W. C. Schneider & G. E. Pallade: J. of Biol. Chem. **172**, 619 (1948).

Kaufman, S.: In Phosphorus Metabolism. Vol. 1, p. 370, Ed. by W. D. McElroy and Bentley Glass. Baltimore: Johns Hopkins Press 1951.

Keilin, D.: Proc. Roy. Soc. B **98**, 312 (1925).

Keilin, D.: Réunion plenière. C. r. Soc. Biol. (Paris) **97**, suppl. 39 (1927).

Keilin, D.: Proc. Roy. Soc. B **104**, 206 (1929).

Keilin, D.: Proc. Roy. Soc. B **106**, 418 (1930).

Keilin, D., & E. F. Hartree: Proc. Roy. Soc. B **122**, 298 (1937).

Keilin, D., & E. F. Hartree: Proc. Roy. Soc. B **125**, 171 (1938).

KEILIN, D., & E. F. HARTREE: Proc. Roy. Soc. B **129**, 277 (1940).
KEILIN, D., & E. F. HARTREE: Biochemic J. **39**, 289 (1945).
KEILIN, D., & E. F. HARTREE: Biochemic J. **42**, 221 (1948).
KEILIN, D., & E. F. HARTREE: Biochemic J. **44**, 205 (1949).
KISCH, B., & J. M. BARDET: The electron microscopic histology of the heart. New York: Brooklyn Medical Press 1951.
KÖLLIKER, A.: Z. wiss. Zool. **47**, 689 (1888).
LASER, H.: Proc. Roy. Soc. B **140**, 230 (1952).
LEHNINGER, A. L.: In Enzymes and Enzyme Systems, Their State in Nature. Harvard University Press, Cambridge, Mass. 1951.
LINEWEAVER, H., & D. BURK: J. Amer. Chem. Soc. **56**, 658 (1934).
MAHLER, H. R., N. K. SARKAR, L. P. VERNON & R. A. ALBERTY: J. of Biol. Chem. **199**, 585 (1952).
MASSEY, V.: Biochemic J. **51**, 490 (1952).
MICHAELIS, L.: Adv. Enzym. **9**, 1 (1949).
MICHAELIS, L., & M. L. MENTEN: Biochem. Z. **49**, 333 (1913).
MORTON, R. K.: Nature (Lond.) **166**, 1092 (1950).
OCHOA, S.: J. of Biol. Chem. **151**, 493 (1943).
OCHOA, S.: J. of Biol. Chem. **155**, 87 (1944).
OCHOA, S., J. R. STERN & M. C. SCHNEIDER: J. of Biol. Chem. **193**, 691 (1951).
POTTER, V. R., & A. E. REIF: J. of Biol. Chem. **194**, 287 (1952).
QUASTEL, J. H., & W. R. WOOLDRIDGE: Biochemic J. **22**, 689 (1928).
RETZIUS, G.: Biol. Untersuch. N. F. **1**, 51 (1890).
SCHNEIDER, W. C., A. CLAUDE & G. H. HOGEBOOM: J. of Biol. Chem. **172**, 451 (1948).
SLATER, E. C. (1949a): Biochemic J. **45**, 8 (1949).
SLATER, E. C. (1949b): Biochemic J. **45**, 14 (1949).
SLATER, E. C. (1949c): Biochemic J. **45**, 1 (1949).
SLATER, E. C. (1949d): Biochemic J. **44**, 305 (1949).
SLATER, E. C. (1950a): Nature (Lond.) **166**, 982 (1950).
SLATER, E. C. (1950b): Biochemic J. **46**, 484 (1950).
SLATER, E. C., & W. D. BONNER: Biochemic J. **52**, 185 (1952).
SLATER, E. C., & K. W. CLELAND: Biochemic J. 1953 (in the Press).
SLATER, E. C., & F. A. HOLTON: Biochemic J. 1953 (in the Press).
SMITH, E. L., & E. STOTZ: Federat. Proc. **9**, 230 (1950).
STRAUB, F. B.: Biochemic J. **33**, 787 (1939).
THEORELL, H.: Biochemic Z. **279**, 463 (1935).
THORN, M. B.: Biochemic J. **53**, i (1953).
TSOU, C. L.: Biochemic J. **49**, 512 (1951).
TSOU, C. L.: Biochemic J. **50**, 493 (1952).
WARBURG, O.: Pflügers Arch. **67**, 615 (1913).


## Diskussion.

HELMREICH (München): SZENT GYÖRGYI and PORTER have published interesting experiments that the succinate oxidation in the model is coupled on the physiological state of actomyosin. Actomyosin can oxidize succinate only in the contracted state and SZENT GYÖRGYI said, that the succinate oxidation can proceed only when the cytochromes are incorporated in this step, for only in connection with the cytochromes electrons can be transferred. We have done experiments on the influence of digitalis on the actomyosin motor, it was very interesting to us, that succinate oxidation depends only or occurs only when the cytochromes react too.

SLATER: Some years ago, SZENT-GYÖRGYI suggested that in the muscle the succinic oxidase system was in fact actomyosin. There is, however, no evidence that actomyosin can oxidize succinate. Our experiments with heart muscle indicate that the succinic oxidase system is in the sarcosomes (mitochondria), and not in the myofibrils which contain the actomyosin. It is difficult to see how the physiological state of actomyosin could directly affect the rate of oxidation of succinate.

HOFFMANN (Ostenhof): Dr. SLATER explained to us very instructively how succinate and DPN are oxidized. In the Journal of Biological Chemistry two papers were published of whom I do not remember the name about enzymes and electron transfer from DPN and TPN to cytochrome $c$. How do these enzymes react?

As I mentioned, a group of workers in GREEN's laboratory have isolated from heart muscle a flavoprotein which directly catalyses the reduction of cytochrome $c$ by reduced DPN. Our experiments indicate that in the heart-muscle particles this reaction does not proceed directly, but requires an additional component. There are a number of possible explanations of this difference. I think the most likely is that there are two systems in heart, one firmly bound to the particles, which is the system we studied, and a system which can be more easily extracted. The particles contain a large amount of flavine-adenine-dinucleotide, the prosthetic group of STRAUB's flavoprotein which can also be prepared in a soluble form from the heart-muscle particles. The flavoprotein isolated in GREEN's laboratory contains a different flavine compound as prosthetic group.

LANG (Mainz): Ich glaube, es ist biologisch notwendig, daß zwei verschiedene Systeme bestehen, denn wir wissen, daß es auch außerhalb der Mitochondrien Oxydationen gibt. Hier spielen wahrscheinlich diese Flavoproteide eine entscheidende Rolle.

SLATER: It is doubtful if there is in animal cells or aerobic microorganisms a very significant fraction of the total respiration which does not pass through the cytochrome system. Possibly some flavoproteins react directly with oxygen *in vivo*, but this is not certain, since isolated flavoproteins which react fairly rapidly with air will react rather slowly at the oxygen tensions in animal tissues.

LANG: Ich befürchte, daß wir aneinander vorbeigeredet haben. Ich bezweifle nicht, daß die biologische Oxydation über das Cytochromsystem verläuft, sondern ich meine nur, daß eine vorbereitende Oxydation auch in Systemen außerhalb der Mitochondrien vorkommen kann. Ein mir zufällig einfallendes Beispiel ist die Chininoxydation. Die Chininoxydase ist außerhalb der Mitochondrien im Cytoplasma. Allerdings wird der von ihr abgespaltene Wasserstoff an den Mitochondrien zu Ende oxydiert. Die Rolle jenes Flavoproteids ist es wahrscheinlich, zwischen dem Beginn der Oxydation im Cytoplasma und ihrer Beendigung in den Mitochondrien zu vermitteln.

SLATER: It is clear that the respiratory chain is situated in the mitochondria. But there appear to be a number of pyridine-nucleotide dehydrogenases which are situated in the cytoplasm as well as in the mitochondria. I do not think we can yet say how much of the dehydrogenation of malate or isocitrate, for example, occurs in the cytoplasm, and how much in the mitochondria. If the dehydrogenation occurs in the cytoplasm, reduced DPN or TPN could be the mediator between the cytoplasm and mitochondria. Possibly flavoprotein could also act as a mediator between other systems and the respiratory chain, as Prof. LANG suggests.

LOFTFIELD (USA): Dr. SLATER, have you any evidence for the existence of cytochrome $b$ in your sarcosomes in their purified state?

SLATER: Cytochrome $b$ can be detected spectroscopically in the sarcosomes after the addition of succinate.

LOFTFIELD: I mentioned this only because liver worked up according to the method of HOGEBOOM and SCHNEIDER with isotonic neutral solution contains very high concentrations of a material in the sediment fraction which appears to be cytochrome $b$ and this would in other words be separated possibly in itself from the mitochondria to begin with.

SLATER: The spectrum of cytochrome $b$ is so close to that of denatured protein haemochromogen that I am sceptical of the identification of cytochrome $b$ by reduction with $Na_2S_2O_4$ alone. Only if the $\alpha$-band appears in the region of 560—564 m$\mu$ after reduction with succinate is the identification reasonably certain.

There are now good reasons for believing that succinic dehydrogenase and cytochrome $b$ are different. TSOU found that incubation with cyanide caused a slow irreversible inactivation of succinic dehydrogenase, but did not affect cytochrome $b$. After incubation with cyanide, the rate of reduction of cytochrome $b$ was decreased, but eventually all the cytochrome $b$ was reduced.

KÜHNAU (Hamburg): I should like to ask, if ascorbic acid can be oxidized by the sarcosomes. Is there any definite relation between the oxidation of ascorbic acid and cytochrome $c$?

SLATER: Ascorbic acid is not oxidized by the KEILIN and HARTREE preparation or by the sarcosomal preparation unless cytochrome $c$ is added. The cytochrome $c$ in the particles is reduced too slowly for an appreciable rate of oxidation. Thus, this could only be a biological system for oxidizing ascorbic acid, if there is cytochrome $c$ in solution. It has been suggested, in fact, that some of the cytochrome $c$ in the cell is in solution, but the evidence is not very impressive. Until this important point is cleared up, we cannot tell if the oxidation of ascorbic acid by cytochrome $c$ and sarcosomes has any biological significance.

With regard to the phosphorylation which is believed to accompany this reaction, I can only say that we cannot confirm the reports. I have no explanation for the difference between our findings and those of others in this respect.

Bücher (Hamburg): My question to Dr. Slater concerns the problem of the functional connection between the pigments of the respiratory chain. There are theoretically three possibilities. The first you mentioned, the direct touch of the active groups. The second is that of Szent Györgyi, the electron transfer through the protein moiety of the pigments. A possibility that is rather hypothetical. The third possibility is the transport of the electron by substances with low molecular weight. Such substances ought to be concentrated at the interfaces. Vitamine E, for instance, has these properties.

Slater: I know of no evidence at all. I think it is a very interesting idea and I am sure it would explain quite a lot of things. We know practically nothing about the main question that you raise. We have to keep in mind the three main possibilities that you mentioned.

# Über Fermentketten und ihre Bedeutung für die Regulation des Kohlenhydratstoffwechsels in lebenden Zellen.

Von

HELMUT HOLZER

*Aus der Biochemischen Abteilung des Instituts für Organische Chemie der Universität München.*

Mit 8 Textabbildungen.

In den letzten 50 Jahren hat die biochemische Forschung die Reaktionsfolgen des Stoffumbaues und -abbaues in lebenden Zellen und Geweben intensiv bearbeitet. Zwar ist der Chemismus

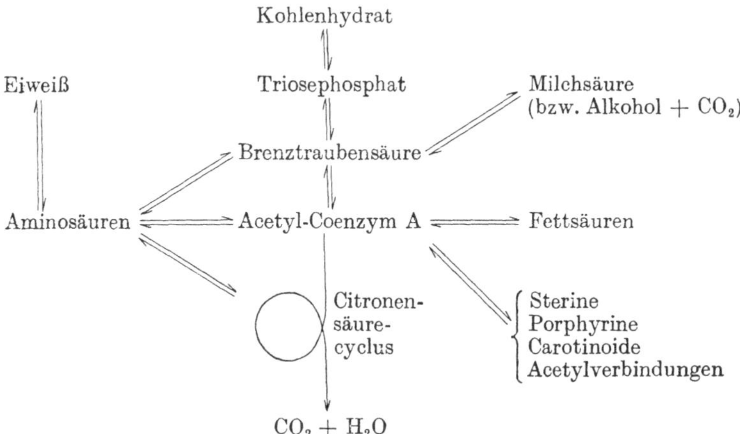


Abb. 1. Allgemeines Stoffwechselschema.

einzelner Zwischenreaktionen noch unklar, aber wir können heute bereits ein allgemeines Stoffwechselschema formulieren, das für verschiedenste Lebewesen von Mikroorganismen bis zu Säugetieren Gültigkeit besitzt (Abb. 1).

Abweichungen des Stoffwechsels von diesem Schema, insbesondere bei verschiedenen Bakterien und Schimmelpilzen, treten zwar in einigen Fällen quantitativ sehr auffällig in Erscheinung, ließen sich aber bei der Analyse der Reaktionswege meist als geringfügige Störungen des angegebenen Schemas oder als Abzweigungen aufklären. In Abb. 1 sind nur einige Zwischenstufen der wichtigsten Reaktionsfolgen aufgezeichnet, die zum Umsatz der Nahrungsstoffe führen. Tatsächlich handelt es sich um die Wirkung einer großen Zahl von Fermenten, die die Substrate und Zwischenstoffe Schritt für Schritt zu den angegebenen Endprodukten verändern. Viele der beteiligten Katalysatoren sind in ihrem Wirkungsmechanismus aufgeklärt und größtenteils in angereicherter oder reiner Form dargestellt worden.

Bei dieser Sachlage ist es möglich und notwendig, unser Augenmerk vom insbesondere in Extrakten und Homogenaten studierten *Nacheinander* der einzelnen Reaktionsschritte zum bisher wenig untersuchten *Nebeneinander* der chemischen Reaktionen im Verband der lebenden Zelle zu richten. Das heißt zu prüfen, wie sich parallel laufende, evtl. sich teilende und durch Querverbindungen verknüpfte Fermentketten gegenseitig beeinflussen, wenn ein stationärer Stoffdurchsatz stattfindet. Man ersieht aus dem in Abb. 1 dargestellten Stoffwechselschema sofort, daß die Kenntnis der einzelnen Glieder der Reaktionsketten noch keine Aussage darüber erlaubt, wie sich die zur Umsetzung gelangenden Nahrungsstoffe auf die verschiedenen Reaktionswege aufteilen, welche Ursachen also dafür maßgebend sind, ob und in welchem Prozentsatz beispielsweise Kohlenhydrat in Fett, Milchsäure oder Eiweiß umgewandelt wird, bzw. zu $CO_2$ und $H_2O$ oxydiert wird. Wir werden im folgenden die Faktoren zusammenstellen, die für das Zusammenspiel mehrerer hintereinander geschalteter Fermente in einer „Fermentkette" verantwortlich sind, und werden dann prüfen, ob die für homogene, isolierte Systeme gültigen Beziehungen auch auf intakte Zellen anwendbar sind. Wir werden dadurch insbesondere Einsichten in Regulationsmechanismen bei Verzweigungen und Rückkoppelungen der Fermentketten gewinnen. Als Beispiele für die verschiedenen Faktoren sollen im allgemeinen Zwischenstufen der alkoholischen Gärung oder Glykolyse angeführt werden, da hier 1. die einzelnen Reaktionsschritte in allen Details bekannt sind und 2. die Fermente dieses Systems im Cytoplasma lokalisiert sind und deshalb als in „wäßriger Phase" befindlich behandelt werden dürfen.

## Faktoren, die beim Zusammenwirken mehrerer Fermente im homogenen System oder im Verband der lebenden Zelle zu berücksichtigen sind.

### *1. Konzentration der Fermente.*

Die Geschwindigkeit einer enzymatisch katalysierten Reaktion ist unter sonst gleichen Bedingungen der Konzentration an eingesetztem Ferment proportional. Es ist demnach ohne weiteres verständlich, daß für den Stoffdurchsatz durch eine Fermentkette, bzw. die Aufteilung des Stoffflusses an einer Verzweigungsstelle die Konzentrationen der beteiligten Katalysatoren von Bedeutung sind. Setzt man eine Fermentkette aus reinen isolierten Enzymen zusammen, so sind die Fermentkonzentrationen bekannt und können beliebig variiert werden. Dagegen liegen bis heute exakte Angaben über Fermentkonzentrationen in lebenden Zellen oder Geweben nur spärlich vor*. Der Grund hierfür besteht in der Schwierigkeit, Zellen so schonend aufzuschließen, d. h. der Analyse zugänglich zu machen, daß keine Schädigung der Fermentaktivität erfolgt. Zudem darf man nicht von vorne herein als sicher annehmen, daß eine gewisse Fermentmenge in der intakten Zelle dieselbe katalytische Aktivität besitzt, wie in einem Homogenat oder Extrakt. Daß dieser Einwand für Hefecarboxylase und damit wahrscheinlich für die anderen Fermente der Gärung und Glykolyse nicht gilt, wird durch die später zu besprechenden Versuche an intakten und plasmolysierten Hefezellen gezeigt werden.

### *2. Kinetische Daten der Fermente.*

Hier sind es zwei Faktoren, die für die Reaktionsgeschwindigkeit und damit den Stoffdurchsatz durch eine Fermentkette maßgebend sind: a) die von O. WARBURG definierte *Wechselzahl* eines Fermentes, d. h. die bei Substratsättigung pro Mol Ferment und pro Minute zum Umsatz kommenden Mole Substrat, wobei das Ionenmilieu und definierte Temperaturbedingungen zu berücksichtigen sind, und die Reaktionsbedingungen so gewählt werden, daß die Rückreaktion keinen Einfluß hat. Definiert man die Reaktionsgeschwindigkeit als Konzentrationsänderung des Substrates pro Minute, wobei die Substratkonzentration in

---

* Siehe hierzu Referat LANG.

Mol/l gemessen wird, so ergibt sich folgende einfache Beziehung zwischen Wechselzahl und Reaktionsgeschwindigkeit $v$:

$$v = W \cdot c_E \quad (\text{Mole} \cdot \text{Liter}^{-1} \cdot \text{min}^{-1}). \tag{I}$$

Hierbei bedeutet $W$ die Wechselzahl („turnover number") mit der Dimension $(\text{min}^{-1})$ und $c_E$ die Enzymkonzentration in Mol/l. In dieser Gleichung ist der Zusammenhang zwischen der Wechselzahl und der im ersten Abschnitt genannten Fermentkonzentration mit der Reaktionsgeschwindigkeit niedergelegt.

b) Michaelis-*Konstante.* Gleichung (I) gilt im Bereich der Substratsättigung. Michaelis und Menten[1] haben 1913 die Abhängigkeit der Reaktionsgeschwindigkeit von der Substratkonzentration bei der Saccharose-Spaltung durch Saccharase untersucht und in Gleichung (I) ein Korrekturglied eingeführt, das ihre Gültigkeit auch auf Bereiche niederer Substratkonzentrationen erweitert:

$$v = W \cdot c_E \frac{c_S}{K_M + c_S} \quad (\text{Mole} \cdot \text{Liter}^{-1} \cdot \text{min}^{-1}) \tag{II}$$

Hierbei bedeutet $c_S$ die Substratkonzentration in Mol/l und $K_M$ die Dissoziationskonstante der Enzym-Substrat-Verbindung (auch Michaelis-Konstante genannt):

$$K_M = \frac{c_{\text{Enzym}} \cdot c_{\text{Substrat}}}{c_{\text{Enzym-Substrat}}} \quad (\text{Mole} \cdot \text{Liter}^{-1}). \tag{III}$$

Voraussetzung für die Gültigkeit der Gleichung von Michaelis und Menten ist, daß Enzym und Substrat dem Massenwirkungsgesetz gehorchend zu einer Enzymsubstrat-Verbindung zusammentreten, und daß die Weiterreaktion des Enzymsubstrat-Komplexes zu den Endprodukten geschwindigkeitsbestimmend für den Gesamtverlauf der katalysierten Reaktion ist. Diese Voraussetzungen gelten nach unseren heutigen Kenntnissen für die meisten Enzymreaktionen. Die Wechselzahl und die für unsere Überlegungen maßgebende „scheinbare" Michaelis-Konstante* sind relativ einfach zu messen und deshalb bei den meisten angereicherten oder isolierten Enzymen für die Hin- und Rückreaktion bekannt. Wir werden von diesen Daten bei der Besprechung der Verhältnisse in der lebenden Zelle Gebrauch machen.

---

* Siehe hierzu die Referate Kühnau und Bonnichsen.

Sind an einer Enzymreaktion mehrere Komponenten beteiligt, so komplizieren sich die zur Beschreibung der Reaktionsgeschwindigkeit in einer Richtung notwendigen Gleichungen etwas. Prinzipiell gelten aber für Pyridin- und Metall-Cofermente usw. dieselben Bedingungen wie oben für das Substrat abgeleitet. Auch die in vielen Fällen zu berücksichtigende Rückreaktion kann meistens ohne Schwierigkeit in den obigen Ansatz einbezogen werden.

### 3. Thermodynamisch bedingte Gleichgewichtslage.

Ist für irgendeine Reaktion in der Zelle ein Katalysator (Ferment) vorhanden, so ist es eine Frage der Thermodynamik, welcher Gleichgewichtszustand der beteiligten Reaktionspartner durch Wirkung des Fermentes angestrebt wird. Diese Gleichgewichtslage läßt sich in einigen Fällen aus thermodynamischen Daten berechnen, in anderen Fällen experimentell im homogenen System analytisch bestimmen oder nach Messung des Redoxpotentials berechnen. Ob tatsächlich bei der Zwischenreaktion ciner Fermentkette das von der Thermodynamik geforderte Gleichgewicht eingestellt wird, oder ob die an beiden Enden des Systems angreifenden Folgereaktionen schneller sind als die betrachtete Reaktion und so die Gleichgewichtseinstellung auch im stationären Zustand verhindern, ist eine Frage, welche durch das Zusammenwirken aller hier zusammengestellten Faktoren beeinflußt wird. Sicher ist, daß auch die durch Wirkung eines Enzyms angestrebte Gleichgewichtslage einen Einfluß auf den Weg des Stoffumsatzes in der Zelle haben kann. Ein Beispiel, auf das TH. BÜCHER[2] hingewiesen hat, ist die Gleichgewichtslage der Reaktionsschritte, welche von 1,3-Diphosphoglycerinsäure ausgehen. Aus Abb. 2 ist ersichtlich, daß diese Verbindung eine für die Zelle energetisch nutzlose, nicht-enzymatische Hydrolyse zu 3-Phosphoglycerinsäure und anorganischem Phosphat erleidet. Die an 1,3-Diphosphoglycerinsäure angreifenden reversiblen enzymatischen Gleichgewichte (katalysiert durch Triosephosphatdehydrase und das phosphatübertragende Ferment von BÜCHER) liegen aber weitgehend auf Seiten von 3-Phosphoglycerinaldehyd und 3-Phosphoglycerinsäure, so daß die stationäre 1,3-Diphosphoglycerinsäure-Konzentration in der Zelle gering ist, und damit die als Reaktion erster Ordnung erfolgende Hydrolyse nur langsam abläuft und kaum ins Gewicht fällt. Eine niedere 1,3-Diphospho-glycerinsäure-Konzentration wird weiterhin dadurch begünstigt, daß die MICHAELIS-Konstante dieser Verbindung mit dem Ferment von BÜCHER extrem klein ist (1,8 · 10⁻⁶ Mole/l) und die Wechsel-zahl des BÜCHER-Fermentes sehr hoch ist (320000 Mole/min/Mol

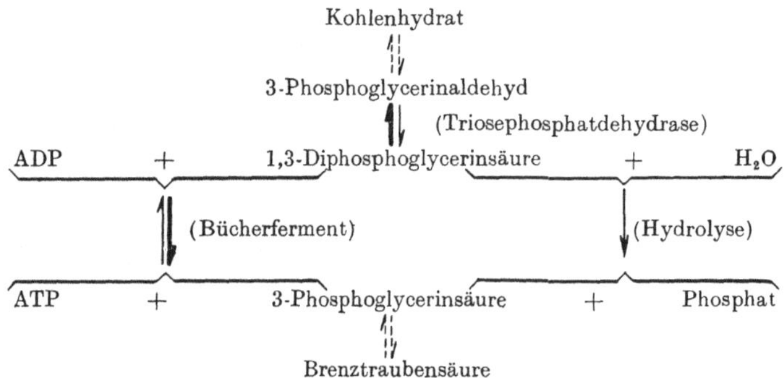


Abb. 2. Stellung der 1,3-Diphosphoglycerinsäure im Stoffwechsel.

Ferment bei der Hinreaktion). In demselben Sinne wirkt sich die relativ hohe Konzentration des BÜCHER-Fermentes in Hefe-zellen aus (etwa 1% des Trockengewichtes bei Bierhefe).

### 4. Konzentration der Cofermente, sowie anderer aktivierender und hemmender Substanzen.

Neben den Substratkonzentrationen ist für die Reaktions-geschwindigkeit eines Fermentes die Konzentration an Co-fermenten sowie an aktivierenden und hemmenden Ionen maß-gebend. Es sei hier erinnert an den K-Na-Antagonismus beim zweiten phosphatübertragenden Ferment der Gärung, die Hemmung der Triosephosphatisomerase durch anorganisches Phosphat und die Notwendigkeit von SH-Verbindungen (Glutathion usw.) für die volle Aktivität verschiedener Proteine, insbesondere der Triosephosphatdehydrase.

### 5. Temperatur- und $p_H$-Bedingungen.

Das Studium verschiedenster isolierter Fermente hat ergeben, daß Temperatur, $p_H$, Ionenstärke usw. einen wesentlichen Einfluß auf die katalytische Aktivität haben. Da die Art dieses Einflusses von Ferment zu Ferment wechselt, ist verständlich, daß Änderungen der genannten Bedingungen Verschiebungen im Reaktionsverlauf verursachen können. In diesem Zusammenhang sei die Temperatur-abhängigkeit des Pasteur-Meyerhof- Quotienten bei Hefe[3] und der Übergang von der normalen alkoholischen Hefegärung zur sog. „dritten Gärungsform" bei Alkalisierung des Nährmediums erwähnt[4].

*6. Permeabilität der Zellmembran für Substrate und Zwischenprodukte.*

Es ist einleuchtend, daß beispielsweise im Falle des Kohlen-hydratumsatzes in Hefezellen die Größe des Gesamtumsatzes von der Permeabilität für das Substrat abhängig sein kann. Um extreme Beispiele zu nennen: benützt man Glucose als Substrat, so stellt sich nach wenigen Minuten im Inneren der Zelle dieselbe Glucosekonzentration ein, wie in der Nährlösung[5], d. h. die Geschwindigkeit des Umsatzes ist nicht von der Perme-abilität, sondern von anderen Faktoren abhängig, sonst müßte die Konzentration in der Zelle geringer sein als außen. Bietet man aber intakten Hefezellen Fructosediphosphat als Substrat an, so erfolgt überhaupt kein, oder nur ein minimaler Umsatz, obwohl Fructosediphosphat von Macerationssäften rasch vergoren wird. Der Grund hierfür ist die Undurchlässigkeit der Zell-membran für Fructosediphosphat. Eine Zwischenstellung nimmt Pyruvat ein. Dieses Zwischenprodukt des Kohlenhydratstoff-wechsels wird von Macerationssäften rasch decarboxyliert, dagegen von lebenden Hefezellen auf Grund der geringen Perme-abilität für Pyruvat nur langsam umgesetzt.

Ähnliche Überlegungen kann man für das Endprodukt der alkoholischen Gärung, Äthylalkohol, anstellen. Wäre die Hefezelle für Alkohol nicht rasch durchlässig, so würde sich Alkohol in der Zelle anhäufen, die gesamten vorgelagerten Gleichgewichte müßten sich in Richtung der Anfangsprodukte verschieben und damit zu einer Verlangsamung und schließlich zum Stillstand des Glucoseabbaues führen. Zweifellos spielt auch bei tierischen Geweben die Permeabilität eine wichtige Rolle für die Größe und den Weg des Stoffwechsels.

## 7. Struktur der Zelle.

Aus Untersuchungen der letzten 10 Jahre wissen wir, daß die Fermente nicht gleichmäßig in der Zelle verteilt sind. Verein-fachend kann man sagen, daß die Fermente der Glykolyse und

Gärung im Cytoplasma vorliegen, während die Fermente des Citronensäurecyclus, des Fettstoffwechsels und des Eiweißstoffwechsels in den strukturierten Partikeln der Zelle lokalisiert sind[6]. Im Zusammenhang mit der alkoholischen Gärung bei Hefezellen ist hierzu von besonderem Interesse, daß die Adenosintriphosphat spaltende Fermentaktivität im wesentlichen mit den strukturierten Bestandteilen der Hefezellen verknüpft ist. Da zum ungestörten Ablauf der alkoholischen Gärung die Spaltung von ATP notwendig ist, wird klar, daß die Diffusion der im Zellsaft erzeugten ATP zu den Partikeln der Zelle eine Rolle für das stationäre Niveau an ATP, ADP und Phosphat in der Zelle spielt und damit regulierend in die Geschwindigkeit und die stationären Verhältnisse bei der alkoholischen Gärung eingreifen kann. Weiterhin haben neuere Untersuchungen von D. E. GREEN und Mitarbeitern[7] ergeben, daß tierische Mitochondrien nicht unbeschränkt für DPN und TPN durchlässig sind. Dasselbe gilt für ATP und ADP[8]. Man hat also damit zu rechnen, daß innerhalb der Zelle nicht nur Konzentrationsunterschiede der Fermente, sondern auch gewisser Substrate und Cofermente vorliegen.

### 8. Stationäre Konzentration der Zwischenstoffe.

Die von 1.—7. genannten Faktoren führen zur Einstellung gewisser Zwischenstoffkonzentrationen, die unter gleichbleibenden äußeren Bedingungen beim stationären Stofffluß durch eine Fermentkette weitgehend konstant sind. Diese Zwischenstoffkonzentrationen sind von wesentlicher Bedeutung für die bei der Teilung von Fermentketten eingeschlagenen Reaktionswege. Wir werden sehen, wie man durch Analyse stationärer Zwischenstoffkonzentrationen in lebenden Zellen zu Aussagen über die chemischen Regulationsmechanismen im Zellgetriebe kommt.

Zusammenfassend läßt sich sagen, daß bei Berücksichtigung der unter 1.—5. genannten Faktoren im homogenen System künstlich zusammengesetzte Fermentketten quantitativ beschrieben werden können. Kennt man zusätzlich die unter 6.—8. genannten Faktoren, so sollte auch für lebende Zellen eine solche quantitative Beschreibung möglich sein. Einige Experimente zur „Untersuchung des Zusammenwirkens der Fermente in der lebenden Zelle durch Analyse stationärer Zwischenstoffkonzentrationen"[9] werden in den beiden letzten Abschnitten dieser Arbeit mitgeteilt.

## Beispiele für das Zusammenwirken zweier, durch ein gemeinsames Substrat verknüpfter Fermente.

Nach DIXON[10] muß man zwei Typen von Fermentketten unterscheiden:

$$\text{(a)} \quad A \xrightarrow{E_1} B \xrightarrow{E_2} C$$

$$\text{(b)} \quad AX + B \xrightarrow{E_1} BX + A \qquad BX + C \xrightarrow{E_2} B + CX$$

In beiden Fällen verknüpft die Substanz B die Tätigkeit der beiden Enzyme $E_1$ und $E_2$. Im Falle (a) ist das Reaktionsprodukt des Enzyms 1 Substrat für Enzym 2. Dagegen ist für (b) typisch, daß hier B ein Teil des katalytischen Mechanismus ist. Systeme vom Typ (a) werden heute oft bei sog. „zusammengesetzten optischen Testen"[2, 11] zur Bestimmung von Enzymaktivitäten verwendet. Als Beispiel sei ein optischer Test genannt, den wir zur Verfolgung der Anreicherung von Carboxylase aus Hefe entwickelt haben[24]. Das reagierende System ist mit den Endstufen der alkoholischen Gärung identisch:

$$\text{(1)} \quad \text{Brenztraubensäure} \xrightarrow{\text{(Carboxylase)}} \text{Acetaldehyd} + CO_2$$

$$\text{(2)} \quad \text{Acetaldehyd} + DPN\!-\!H_2 \underset{\phantom{(\text{Alkoholdehydrase})}}{\overset{\text{(Alkoholdehydrase)}}{\rightleftharpoons}} \text{Alkohol} + DPN$$

$$\text{(3)} = \text{(1)} + \text{(2)} \quad \text{Brenztraubensäure} + DPN\!-\!H_2 \longrightarrow \text{Alkohol} + CO_2 + DPN$$

Der Verlauf der Reaktion (3) kann spektrophotometrisch bei 340 m$\mu$ oder einer benachbarten Wellenlänge verfolgt werden, da $DPN\!-\!H_2$ im Gegensatz zu DPN ultraviolettes Licht spezifisch absorbiert. Arbeitet man bei $p_H$ 6, so liegt das Gleichgewicht der Reaktion (2) weitgehend auf der rechten Seite und da die MICHAELIS-Konstanten der Alkoholdehydrase mit Acetaldehyd und $DPN\!-\!H_2$ sehr klein sind, werden bei Zusatz von überschüssiger Alkoholdehydrase kleinste Mengen Acetaldehyd, die durch die Carboxylase-Reaktion entstehen, sofort vom vorgelegten $DPN\text{-}H_2$ quantitativ hydriert und damit spektrophotometrisch meßbar. Die Geschwindigkeit der Gesamtreaktion ist dann allein von der Carboxylasemenge abhängig (Abb. 3).

Neben dem Reaktionstyp (a) ist in der lebenden Zelle sehr häufig der Typ (b) verifiziert. Es kann sich bei der zu übertragenden Gruppe X im einfachsten Falle um zwei Wasserstoffatome

oder um eine Phosphatgruppe handeln. Als Überträger B dienen
dann beispielsweise Pyridincofermente für Wasserstoff oder Adeno-
sindiphosphorsäure für Phosphat. Neuerdings ist das Prinzip der
Gruppenübertragung auch für viele andere Substanzen sichergestellt

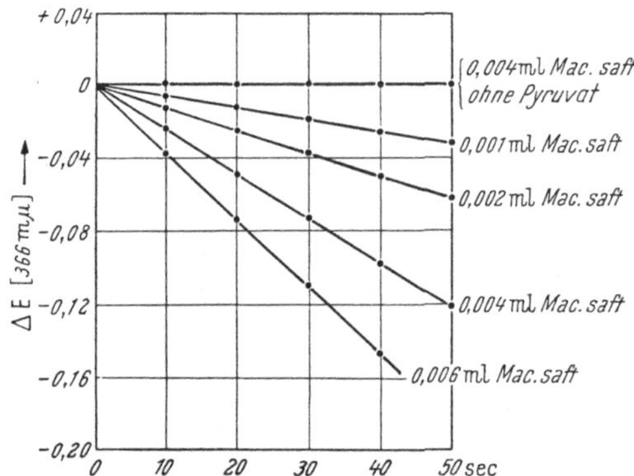


Abb. 3. Spektrophotometrischer Carboxylase-Test mit dem System
Carboxylase-Alkoholdehydrase ([24]).

worden (Kohlenhydrate, Acylreste, Methylgruppen, Peptide usw.),
wobei als Überträger teils Cofermente, teils Proteine wirksam sind.

Ein völlig aufgeklärtes Beispiel für das *Nebeneinander* der
Reaktionstypen (a) und (b) in der lebenden Zelle ist die Glykolyse
oder alkoholische Gärung. Hier existieren durch Wasserstoff- und
Phosphatübertragungen Rückkoppelungen, die schematisch etwa
folgendermaßen dargestellt werden können[10]:

$$\overline{\underset{\text{(Typ a)}}{\xrightarrow{\hspace{3cm}}}}\;\Big\downarrow\;\text{(Typ b)}$$

Man kann das Zusammenwirken der wasserstoffübertragenden
Fermente der Gärung sehr schön spektrophotometrisch durch
$DPN\text{-}H_2$-Bestimmung mit ultraviolettem Licht mit den isolierten
Enzymen demonstrieren[12]. Die Reaktionskoppelung bei einem
solchen in Abb. 4 wiedergegebenen Versuch ist folgende:

(1)  Triosephosphat + DPN $\xrightarrow[\text{(Arsenat)}]{\text{(Triosephosphatdehydrase)}}$ Phosphoglycerinsäure + $DPN\text{-}H_2$

(2)  Acetaldehyd + $DPN\text{-}H_2$ $\xrightleftharpoons{\text{(Alkoholdehydrase)}}$ Alkohol + DPN

Es handelt sich demnach um eine Koppelung vom Typ (b), bei der Wasserstoff übertragen wird. Im Gärungssystem der lebenden Zelle ist noch eine Enzymkette vom Typ (a) vorhanden, die Phosphoglycerinsäure in Acetaldehyd überführt. Statt dieser Kette wurde im Modellversuch Acetaldehyd schon zu Beginn des Versuches im Überschuß zugesetzt.

Beim Versuch der Abb. 4 wurde Glycerinaldehyd mit DPN, Arsenat und Acetaldehyd inkubiert und die Reaktion mit Triosephosphatdehydrase aus Kaninchenmuskel gestartet. Es erfolgt vollständige Hydrierung des DPN, da die Triose- (bzw. Triosephosphat-)Dehydrierung bei Anwesenheit von Arsenat irreversibel ist. Setzt man nun eine geringe Menge Alkoholdehydrase zu, so wird DPN-$H_2$ durch den anwesenden Acetaldehyd am Protein dehydriert und es stellt sich ein stationäres DPN-$H_2$/DPN-Gleichgewicht ein, das dem dynamischen Gleichgewicht der DPN-Hydrierung an der Triosephosphatdehydrase und der DPN-$H_2$-Dehydrierung an der Alkoholdehydrase ent-

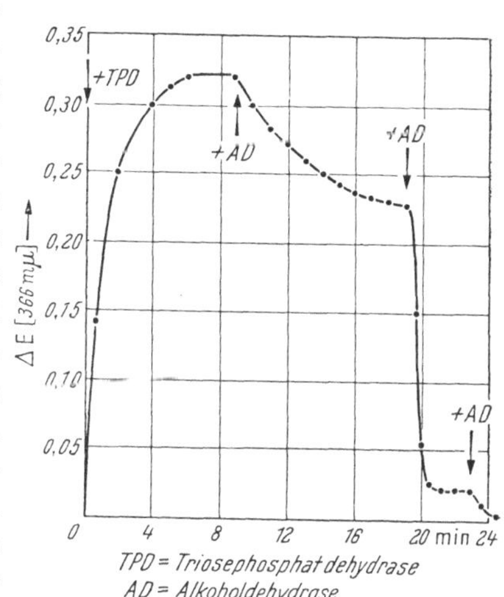


Abb. 4. Stationäre DPN-$H_2$-Konzentration im System Triosephosphatdehydrase-Alkoholdehydrase.

spricht. Verantwortlich für die Lage des Gleichgewichtes sind die eingangs erwähnten Faktoren: Fermentkonzentrationen, MICHAELIS-Konstanten, Wechselzahlen usw. Erhöht man die Alkoholdehydrase-Konzentration, so wird das Gleichgewicht zu Gunsten von oxydiertem DPN verschoben, da bei gleichbleibender Kapazität des hydrierenden Systems die Kapazität des DPN-$H_2$oxydierenden Systems erhöht wird.

## Die geschwindigkeitsbestimmende Reaktion einer Fermentkette.

Sind mehrere Fermente im homogenen System nach dem Schema (a) hintereinander geschaltet, so wird das Enzym mit der geringsten Wirkungsgröße (= Wechselzahl · Fermentkonzentration) die Geschwindigkeit der Gesamtkette bestimmen. Ist die Substratkonzentration für jedes Enzym oberhalb der Sättigung, so können die einzelnen Wirkungsgrößen nach Gleichung (I), S. 92 berechnet werden. Sind die Substratkonzentrationen für einzelne Enzyme der Kette unterhalb der Sättigung, wie dies in lebenden Zellen meist der Fall ist, so ist der in Gleichung (II) niedergelegte Ausdruck zu verwenden, und es braucht nicht das Ferment mit der geringsten optimalen Wirkungsgröße geschwindigkeitsbestimmend für die Gesamtkette zu sein. Der Einfachheit halber sind hier die Rückreaktionen nicht berücksichtigt, und man gelangt so zu der in Abb. 5 schematisierten Situation[10].

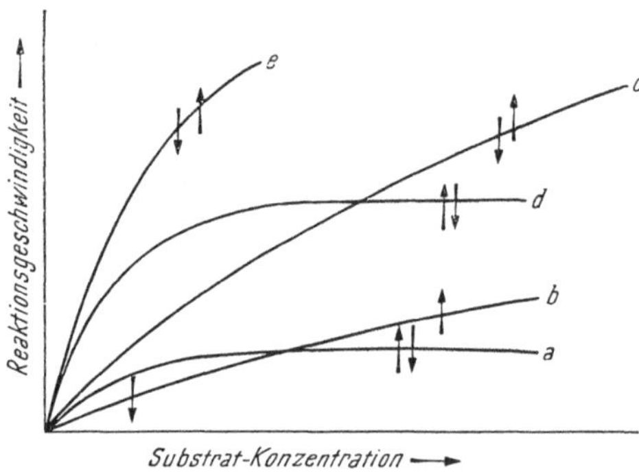


Abb. 5. Geschwindigkeitsbegrenzende Reaktion einer Fermentkette ([10]).

An der Kette seien die 5 Fermente a—e beteiligt. Die Abhängigkeit der Reaktionsgeschwindigkeit von der jeweiligen Substratkonzentration ist in der Abbildung aufgezeichnet. Nimmt man willkürlich die durch nach oben zeigende Pfeile gekennzeichneten Substratkonzentrationen als stationäre Konzentrationen an, so wird das Enzym a die Geschwindigkeit der Gesamtkette bestimmen. Liegen die durch nach unten zeigende Pfeile gekennzeichneten Zwischenstoffkonzentrationen vor, so wird das Enzym b geschwindigkeitsbestimmend sein.

In lebenden Zellen könnte auch der Transport von Substratmolekülen von einem Ferment zum anderen die Geschwindigkeit einer Reaktionskette begrenzen. Eventuell besteht der Vorteil der in den Mitochondrien strukturiert angeordneten Atmungskette in der Umgehung dieses geschwindigkeitsbegrenzenden Vorganges[10]. Für das Gärungssystem von Hefezellen scheint jedenfalls Diffusion nicht begrenzend für die Geschwindigkeit zu sein, da die Temperaturabhängigkeit der Geschwindigkeit dieser Reaktionsfolge Koeffizienten von 2,5—5 pro 10° Temperaturdifferenz ergibt. Dieser Wert ist typisch für chemische Reaktionen und Enzymreaktionen, wogegen Diffusionsvorgänge einen Geschwindigkeitskoeffizienten von 1 bis höchstens 1,5 besitzen.

### Analyse der Fermentkette der Gärung in Hefezellen.

Bevor wir die eingangs zusammengestellten Faktoren für das Zusammenwirken der Enzyme einer Kette auf die Reaktionsfolge der Gärung in lebender Hefe anwenden, muß sichergestellt werden, ob das Cytoplasma mit den darin enthaltenen Gärungsfermenten als homogene, wäßrige Phase aufgefaßt werden kann. Aus Ver-

Tabelle 1. *Hexokinaseaktivität in lebender Hefe[9].*

| Bedingungen im Cytoplasma stationär gärender Hefezellen | Daten der kristallisierten Hefehexokinase | Daten von stationär gärenden Hefezellen |
|---|---|---|
| 2% Glucose<br>$\sim m/_{50}$ Mg$^{++}$<br>$1$—$1,3 \cdot 10^{-3}$ m ATP | $W = 134 \mu$M Gluc/mg/min (30°)<br>Temperaturkoeffizient der Reaktionsgeschwindigkeit für 10° = 2,0; $K_M = 1,2 \cdot 10^{-3}$ Mole ATP/l | $Q_{CO_2}^{\text{Gärung}} = 170$ (20°); 66% der umgesetzten Glucose werden vergoren |
|  | Aus obigen Daten berechnet | Im Toluol-Autolysesaft gefunden[13] |
| mg-reine Hexokinase pro g Hefe (Trockengewicht) | 2,8 | 1,2—2,4 |

suchen von CONWAY[5] über die Verteilung verschiedener die Zellmembran von Hefe leicht passierender Substanzen ergibt sich[9], daß etwa 20—25% des Volumens der Hefezellen (nach Abzug des intercellulären Wassers) nicht an der Verteilung dieser Substanzen beteiligt sind. Man darf demnach annehmen, daß etwa 75—80% des Hefevolumens aus einer Phase bestehen, die als homogene wäßrige Phase behandelt werden kann und wohl mit dem Cytoplasma gleichzusetzen ist. Diese Annahme wird dadurch gestützt, daß die Wirkungsgröße zweier von uns studierter Zwischenreaktionen der Gärung in der lebenden Zelle identisch ist mit den Daten, die man aus Messungen an destrukturierten Zellen errechnet, wenn das genannte Cytoplasmavolumen zu Grunde gelegt wird.

Unsere Messungen am Hexokinasesystem, zusammen mit Daten von KUNITZ und MACDONALD[13], sind in Tab. 1 zusammengestellt.

Es handelt sich um die den Glucoseabbau einleitende Reaktion

$$\text{Glucose} + \text{ATP} \xrightarrow[\text{(Mg)}]{\text{(Hexokinase)}} \text{Glucose-6-phosphat} + \text{ADP}$$

In mit Glucose inkubierter intakter Hefe liegt im Cytoplasma dieselbe Glucosekonzentration wie im Medium vor[5]. Arbeitet man mit 2% Glucose, wie wir das im genannten Versuch getan haben, so ist die Hexokinase im Cytoplasma mit Glucose gesättigt. Die $Mg^{++}$-Konzentration im Zellsaft aus gefrorener Hefe haben wir zu m/50 bestimmt; nachdem Hexokinase mit m/100 $Mg^{++}$ gesättigt ist, dürfte auch die Mg-Konzentration im Sättigungsbereich des Enzyms liegen. Die ATP-Konzentration ergab sich durch Bestimmung mit Myosin zu $1\text{---}1{,}3 \cdot 10^{-3}$ m in stationär gärenden Hefezellen[9]. Diese Zahl entspricht der Michaelis-Konstante der Hexokinase-ATP-Verbindung[13]. Demnach würde das Enzym unter den genannten Bedingungen in vitro mit $^1/_2$ der maximalen Geschwindigkeit arbeiten. Die Rückreaktion braucht nicht berücksichtigt zu werden, da das Gleichgewicht der Reaktion so weitgehend auf der Seite des Glucosephosphates liegt, daß eine rückläufige Reaktion bis heute nicht nachgewiesen werden konnte. Mit der am kristallisierten Ferment gemessenen Wechselzahl[13] ergibt sich, daß 1 g Hefe (Trockengewicht) 2,8 mg reiner Hexokinase enthalten müßte, um den bei der Gärung intakter Zellen auftretenden Glucoseumsatz zu erklären. Kunitz und MacDonald haben im Toluol-Autolyse-Saft von Bäckerhefe einen Hexokinasegehalt gefunden, der 1,2—2,4 mg reiner Hexokinase pro Gramm trockener Hefe entspricht. Die größenordnungsmäßige Übereinstimmung der errechneten und gemessenen Daten spricht für die Richtigkeit der angewandten Überlegungen.

Wir haben in diesem Sinne ein weiteres System der Gärungskette analysiert[14], bei dem uns möglich war, die notwendigen Daten exakter zu erfassen als beim Hexokinasesystem. Es handelt sich um die *Carboxylase-Reaktion*, deren Gleichgewicht völlig auf Seiten des Acetaldehyds liegt, so daß auch hier ohne Berücksichtigung der Rückreaktion aus der stationären Substratkonzentration, der Michaelis-Konstanten und der Enzymmenge in lebender Hefe die zu erwartende Reaktionsgeschwindigkeit berechnet und mit der tatsächlich an gärenden Zellen beobachteten $CO_2$-Entwicklung verglichen werden kann. Die Carboxylase-Aktivität der Zellen wurde hierbei mit dem Seite 103 beschriebenen optischen Test nach verschiedenem Aufschluß der Zellen gemessen. Die höchsten Werte ergab Hefe, deren Membran durch Plasmolyse in flüssiger Luft durchlässig gemacht wurde, ein Verfahren das zweifellos auch die „richtigsten" Werte ergibt*. In Tab. 2 sind die berechneten und an lebenden Zellen manometrisch gemessenen Daten für die $CO_2$-Entwicklung gärender Hefe nebeneinander gestellt. Die Werte stimmen innerhalb der Fehlergrenze der Methode überein.

Aus den genannten Experimenten darf man schließen, daß die Fermente der Gärung im Cytoplasma lebender Hefezellen sich genau so verhalten wie im isolierten Zustand im Reagenzglas.

Tabelle 2. *Carboxylase-Aktivität in lebenden Bierhefezellen*[14].
Bedingungen im Cytoplasma stationär gärender Bierhefezellen:
2,5 · $10^{-3}$ m Brenztraubensäure; $p_H = 6,0$; 1,9 · $10^{-3}$ m Acetaldehyd.

|  | $Q_{CO_2}^{anaerob}$ (20°) |
| --- | --- |
| $CO_2$-Entwicklung stationär gärender, intakter Bierhefezellen | 165 |
| $CO_2$-Entwicklung der in 1 mg Bierhefe (Trockengewicht) enthaltenen Carboxylase unter obigen Bedingungen | 157,5 |

Man darf demnach für kinetische Überlegungen das Cytoplasma als wäßrige Phase behandeln, d. h. die im ersten Abschnitt dieser Arbeit niedergelegten Faktoren für das Zusammenwirken der Fermente gelten nicht nur für isolierte Enzymsysteme, sondern auch für das System der Gärung im Cytoplasma lebender Zellen.

Dies trifft nicht nur für die Kinetik, sondern auch für die Thermodynamik enzymatischer Reaktionen in der lebenden Zelle zu. Um hier Einblicke zu erhalten, wollen wir kurz die energetische Situation bei der alkoholischen Gärung betrachten. Stationär Glucose vergärende Hefezellen können als ein „offenes System" betrachtet werden, das seine chemische Zusammensetzung nicht verändert, wenn dafür gesorgt wird, daß keine

---

* Für die spektrophotometrischen Aktivitätsmessungen haben wir das Photometer „Eppendorf" benützt, das sich hierzu glänzend eignet. Man kann eine geringe Menge der plasmolysierten Zellen direkt in die Meßcuvetten eintragen, die Trübung wegkompensieren, und dann den Reaktionsverlauf bei 366 m$\mu$ nach Start der Reaktion mit einem der Substrate messen. Diese einfache Methode eignet sich auch zur direkten spektrophotometrischen Bestimmung von anderen Enzymaktivitäten (Alkoholdehydrase, Triosephosphatdehydrase usw.) in plasmolysierten Zellen.

Synthesen ablaufen, was man experimentell beispielsweise durch Zusatz geringer Mengen 2,4-Dinitrophenol und Abwesenheit von Phosphat und Ammonsalzen verifizieren kann. Das System wird durch das Energiegefälle der „hindurchfließenden" Reaktion

$$\text{Glucose} \longrightarrow 2 \text{ Alkohol} + 2 \text{ } CO_2$$

in seinem stationären, gegenüber der Umgebung energiereichen Zustand aufrechterhalten. Betrachtet man vereinfachend einen Augenblick in dem die Reaktionspartner Glucose, Alkohol und $CO_2$ unter Normalbedingungen vorliegen, so beträgt das Energiegefälle etwa 50 kcal/Mol. Dieses Energiegefälle ist auf verschiedene Reaktionsschritte der Gärung verteilt. Die oben mitgeteilte Analyse der Hexokinase- und Carboxylase-Reaktion hat gezeigt, daß hier Reaktionsschritte vorliegen, die ein Energiegefälle aufweisen, da im Gleichgewicht kein ATP, bzw. keine Brenztraubensäure in der Zelle vorliegen dürften. Im Gegensatz dazu haben wir bei der Analyse des Zymohexasesystems gefunden[9, 15], daß hier Zwischenstufen der Gärung vorliegen, deren Reaktionspartner im Gleichgewicht stehen, bzw. nicht weit davon entfernt sind*. Der Kohlenhydratabbau in lebender Hefe kann demnach mit einem Fluß verglichen werden, bei dem der Höhenunterschied zwischen Ausgangs- und Endpunkt auf mehrere Wasserfälle (Hexokinase, Carboxylase usw.) mit dazwischenliegenden annähernd ebenen Partien (Aldolase, Isomerase usw.) verteilt ist. Für die vorliegende Untersuchung soll hier besonders festgehalten werden, daß nicht nur für die *Kinetik*, sondern auch für die *Gleichgewichtslage* der enzymatischen Reaktionen des Gärungssystems in lebenden Hefezellen die an isolierten Fermenten studierten Gesetze der physikalischen Chemie Gültigkeit besitzen.

Die Analyse des Zymohexasesystems ist noch in anderem Zusammenhang von Interesse. Sie zeigt, daß Aldolase und Isomerase für den Atmungsprozeß von Hefe nicht geschwindigkeitsbestimmend sein können, da sonst ein Stau der Substrate gegenüber dem Gleichgewicht vorliegen müßte. Wir finden keinen solchen

---

* Auf Grund der Versuche von Theorell und Bonnichsen (s. Ref. Bonnichsen) über die Gleichgewichtslage des Alkoholdehydrase-Systems wird man bei weiteren Versuchen dieser Art beachten müssen, daß bei größenordnungsmäßig gleichgroßen Ferment- und Substrat-Konzentrationen die Gleichgewichtskonstanten von denen bei wesentlich geringerer Fermentkonzentration abweichen können.

für aerobe Bedingungen typischen Stau[15] und halten es deshalb für unwahrscheinlich, daß der als PASTEUR-Effekt bezeichnete Regulationsmechanismus des Kohlenhydratstoffwechsels durch aerobe Hemmung der Aldolase[16] zustande kommt.

### Regulation des aeroben Kohlenhydratabbaues.

Wir wollen abschließend die gewonnenen Erkenntnisse zur Analyse der Regulation des aeroben Kohlenhydratabbaues in tierischen Geweben und Hefezellen heranziehen. In Abb. 1 sind die wichtigsten Reaktionsschritte dieses Prozesses wiedergegeben. Man ersieht aus dem Schema, daß sich der Reaktionsweg bei der Stufe der Brenztraubensäure teilt. Er führt einerseits wie unter anaeroben Bedingungen zu Milchsäure bzw. Alkohol, andererseits zu aktivierter Essigsäure und damit weiter über den Citronensäurecyclus zur vollständigen Verbrennung. Man bezeichnet die unter aeroben Bedingungen erfolgende Glykolyse oder Gärung als „aerobe Glykolyse" bzw. „aerobe Gärung". Im folgenden sollen Glykolyse und Gärung, deren Reaktionsmechanismus insbesondere bezüglich der Wasserstoff- und Phosphatübertragungen prinzipiell gleich ist, zusammen als „Gärung" bezeichnet werden.

Im allgemeinen ist die aerobe Gärung klein im Verhältnis zur anaeroben Gärung, eine Aussage, die der PASTEUR-Effekt zum Inhalt hat. Eine Ausnahme stellen bei tierischen Geweben rasch wachsende Gewebe, insbesondere Tumorgewebe dar. Sie sind, wie O. WARBURG entdeckt und eingehend beschrieben hat[17], durch hohe aerobe Glykolyse auszeichnet. Ganz analog verhalten sich tierische Gewebe in der Gewebekultur: auch hier gehen Wachstumsgeschwindigkeit und Ausmaß der aeroben Glykolyse parallel[18]. Dasselbe gilt weiterhin für den Kohlenhydratstoffwechsel von Hefezellen: die aerobe Gärung von wachsenden Hefezellen ist etwa 2—3 mal so hoch wie die aerobe Gärung sich nicht vermehrender Hefezellen (Abb. 6). Man kann demnach ganz allgemein sagen, daß bei tierischen Geweben und Hefezellen hohe aerobe Gärung für den Stoffwechsel bei Wachstum typisch ist, ein Zusammenhang, den O. WARBURG folgendermaßen formuliert hat[17]: „kein Wachstum ohne Glykolyse".

Zur Gewinnung von Einblicken in die *Chemie des Wachstums* sollte es bei dieser Situation von besonderem Interesse sein, die

Möglichkeiten zur Verschiebung des Ausmaßes der aeroben Gärung zusammenzustellen und dann zu prüfen, wie das Zusammenwirken der beteiligten Fermentketten sich hierbei verändert.

Nach O. Warburg hängt das Ausmaß der aeroben Gärung ganz allgemein von Verschiebungen im Verhältnis der Kapazität

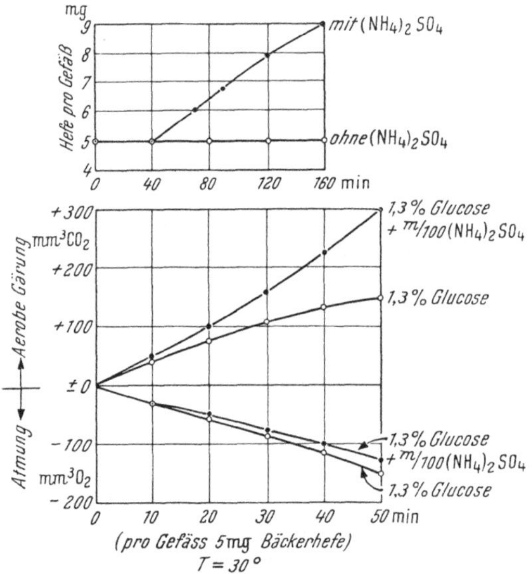


Abb. 6. Aerobe Gärung von ruhenden und wachsenden Hefezellen.

zur anaeroben Gärung einerseits und zur Atmung andererseits ab. Wird der Quotient

$$Q = \frac{\text{Kapazität zur Atmung}}{\text{Kapazität zur Gärung}}$$

bei einem vorgegebenen Gewebe oder Organismus durch irgendwelche Eingriffe verkleinert, so tritt aerobe Gärung auf, wird der Quotient vergrößert, so verschwindet die aerobe Gärung.

Wir besitzen heute drei wichtige Möglichkeiten solche Eingriffe in das Zusammenwirken der Fermentketten in intakten Zellen durchzuführen. Sie sollen im folgenden kurz zusammengestellt und besprochen werden.

a) *Atmungshemmung* durch Vergiftung oder Wärmeschädigung der Fermente der Atmungskette[19]. Diese Atmungshemmung führt bei unveränderter Gärungskapazität bei tierischen Geweben und Hefe zum Auftreten von aerober Glykolyse.

b) *Hemmung der Gärungskapazität*, beispielsweise durch teilweise Inaktivierung der Triosephosphatdehydrase mit Jodessigsäure. Stoppt man die Jodessigsäureeinwirkung bei Hefezellen durch Auswaschen ab, wenn etwa 70 % der Triosephosphatdehydrase inaktiviert sind, so ist die anaerobe Gärung auf etwa 30 % ihres Normalwertes reduziert, während die Atmung mit unveränderter Größe weiterläuft, da hierfür die verbliebene

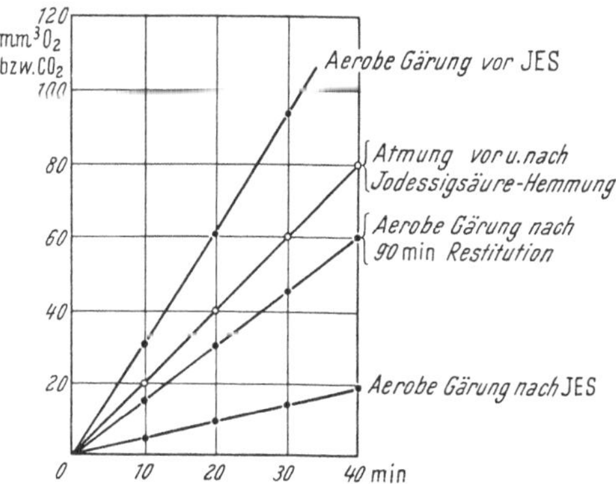


Abb. 7. Jodessigsäurebehandlung von Hefe. $T = 20°$; pro Gefäß 20 mg Bäckerhefe; $p_H = 5,4$.

Triosephosphatdehydrase-Aktivität noch ausreicht. Parallel zur anaeroben Gärung wird auch die aerobe Gärung verringert, man erreicht also durch Vergrößerung des Quotienten Q eine Erniedrigung der aeroben Gärung*. Dieser Effekt kann wieder rückgängig gemacht werden[20]. Inkubiert man nämlich die Jodessigsäure behandelten, gewaschenen Hefezellen etwa 2 Std. bei 20° aerob mit Glucose, so wird die Triosephosphatdehydrase im Zuge des enzymatischen Protein- Ab- und Aufbaues wieder restituiert, damit steigt die Kapazität zur anaeroben Gärung und parallel dazu die aerobe Gärung (Abb. 7).

c) Eine dritte Möglichkeit besteht in der *Beeinflussung der Phosphorylierungs- und Dephosphorylierungsvorgänge.* Nach

---

* *Anmerkung bei der Korrektur:* Auch bei Zellen des Ehrlichschen Mäuse—Ascites—Tumor erreicht man mit geeigneten Jodessigsäurekonzentrationen eine völlige Hemmung der aeroben (und anaeroben) Glykolyse ohne Beeinflussung der Atmungsgröße.

LYNEN[21] und JOHNSON[22] ist es auch hier wie beim vorstehend
beschriebenen Fall b) die Aktivität des Triosephosphatdehydrase-
systems, die beeinflußt wird, und zwar durch Veränderung des
Angebots an für die Triosephosphatdehydrierung notwendigem
anorganischem Phosphat. Werden die *Phosphorylierungsvorgänge*
gehemmt, z. B. durch Entkoppelung der Atmungskettenphosphorylierung, so wird das Niveau an anorganischem Phosphat

Tabelle 3. *Veränderung der aeroben Gärung bei verschiedenen Einflüssen auf
die Kapazität zur Gärung und Atmung.*

| | Atmung | Anaerobe Gärung | Aerobe Gärung |
|---|---|---|---|
| Gärungshemmung durch JES . . . . . | 0 | — | — |
| Gärungssteigerung (Restitution der Triose-phosphatdehydrase nach JES-Einwir-kung) . . . . . . . . . . . . . . . . | 0 | + | + |
| Atmungshemmung (durch HCN usw.) | — | 0 | + |
| Hemmung der Phosphorylierung (Ent-koppelung der Atmungskettenphosphory-lierung) . . . . . . . . . . . . . . | 0(+) | 0 | + |
| Steigerung der Dephosphorylierung (Syn-thesen beim Wachstum usw.) . . . . | 0 | 0 | + |

0 = unbeeinflußt; — = Erniedrigung; + = Steigerung.

erhöht, damit die Triosephosphatdehydrierung und die Gärungskapazität gesteigert*, und es muß durch Erniedrigung des Quotienten Q zum Auftreten bzw. zur Vergrößerung der aeroben Gärung
kommen. Genau dies beobachtet man bei Versuchen mit Hefe
und tierischen Geweben. Werden die *Dephosphorylierungsvorgänge*
beschleunigt, beispielsweise durch Eröffnung von ATP ver-
brauchenden Synthesen bei Angebot von Nähr- und Baustoffen,
so steigt auch hier das Niveau an anorganischem Phosphat und
es kommt über die Beeinflussung des Triosephosphatdehydrase-
systems zu aerober Gärung (Wachstum!). In Tab. 3 sind die
diskutierten Möglichkeiten zur Beeinflussung der aeroben Gärung
zusammengestellt.

---

* Zwar kann diese gesteigerte Kapazität zur Gärung nach Entkoppelung
der Atmungskettenphosphorylierung nicht durch Untersuchung bei Anae-
robiose direkt demonstriert werden, da unter anaeroben Bedingungen keine
Atmungskettenphosphorylierung mehr erfolgt, aber man kann von einer
„potentiellen" Steigerung der Gärungskapazität sprechen.

Man ersieht aus der Tabelle, daß tatsächlich jede Veränderung des Quotienten Q im Sinne von WARBURG eine entsprechende Änderung der aeroben Gärung bewirkt.

Der Zusammenhang zwischen Atmungskapazität, Gärungskapazität und aerober Gärung wird sehr instruktiv durch ein Modell von POTTER[23] deutlich gemacht (Abb. 8). Betrachtet man eine intakte Zelle als ein Gefäß, in das Wasser nach Maßgabe der Gärungskapazität einfließt, bei dem der Ausfluß durch die

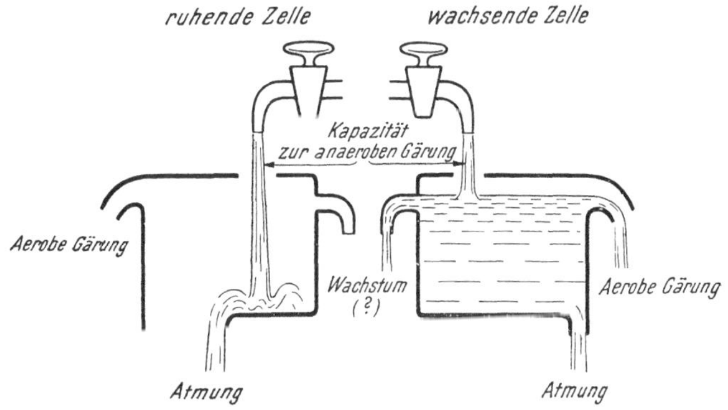


Abb. 8. Stoffwechsel ruhender und wachsender Zellen (nach V. R. POTTER).

Atmungskapazität gekennzeichnet ist und die aerobe Gärung dem Überlauf entspricht, so wird man einen Aufstau des Wassers und damit aerobe Gärung durch Atmungshemmung (Auslaufverringerung) oder Gärungsaktivierung (Zuflußsteigerung) erreichen können. Es handelt sich also um eine Verschiebung des oben genannten Quotienten Q im Sinne von WARBURG. Entkoppelung der Atmungskettenphosphorylierung oder Erhöhung der Triosephosphatdehydrasekonzentration (Restitutionsversuch!) bewirken durch Zuflußsteigerung aerobe Gärung. Atmungshemmung bewirkt dasselbe durch Verringerung des Abflusses. Umgekehrt muß Verringerung des Zuflusses, beispielsweise durch teilweise Inaktivierung der Triosephosphatdehydrase mit Jodessigsäure zum Verschwinden der aeroben Gärung führen.

POTTER hat in seinem Modell die These postuliert, daß das Wachstum eine Folge des Anstaues von Intermediärprodukten sei. Diese These erscheint recht plausibel und gibt uns eine Basis zur Anwendung der „Methode der Analyse stationärer Zwischenstoffkonzentrationen"[9] auf das Wachstumsproblem. Nimmt man mit Warburg und Potter an, daß aerobe Glykolyse und Wachstum parallel gehen, evtl. sogar kausal verknüpft sind (wobei die Einschränkung gemacht werden muß, daß zwar kein Wachstum ohne aerobe Glykolyse möglich ist, aber die Umkehrung dieses Satzes „keine Glykolyse ohne Wachstum" ungültig ist), so wird es eine lohnende Aufgabe sein, die bei aerober Glykolyse sich

Tabelle 4. *Stationäre Brenztraubensäurekonzentrationen in Bäckerhefe*[14].

| Bedingungen | $c$Brenztraubensäure im Cytoplasma (Mole/l) | Stoffwechseltyp |
|---|---|---|
| Anaerob | $9,1 \cdot 10^{-3}$ m | Anaerobe Gärung |
| Aerob<br>+ m/$_{100}$ Ammonsulfat<br>+ m/$_{500}$ KH$_2$PO$_4$ | $8,5 \cdot 10^{-3}$ m | Normale Atmung u. hohe aerobe Gärung (Wachstum!) |
| Aerob<br>+ m/$_{5000}$ 2,4-Dinitrophenol | $7,5 \cdot 10^{-3}$ m | Normale Atmung u. hohe aerobe Gärung |
| Aerob | $4,7 \cdot 10^{-3}$ m | Normale Atmung u. mittlere (normale) aerobe Gärung |
| Aerob<br>+ 10 min m/$_{100}$ Jodessigsäure | $0,8 \cdot 10^{-3}$ m | Normale Atmung und keine aerobe Gärung |

10% Hefe; m/$_{50}$ Citratpuffer p$_H$ 5,4; 4% Glucose; T = 20°. Jeweils 30 min nach Hefezusatz Brenztraubensäure im Zellinneren mit Milchsäuredehydrase und DPN-H$_2$ spektrophotometrisch bestimmt.

anstauenden Intermediärprodukte des Kohlenhydratstoffwechsels zu analysieren, d. h. den Inhalt des Potterschen Wassergefäßes zu analysieren. Dabei sollte es belanglos sein, mit welchen Agenzien oder durch welche Bedingungen die aerobe Glykolyse herbeigeführt wurde.

Wir haben einige orientierende Versuche dieser Art durchgeführt[14]. In Tab. 4 sind Brenztraubensäureanalysen niedergelegt, wobei die aerobe Gärung durch verschiedene Einflüsse variiert wurde. Man ersieht aus der Tabelle, daß in allen Fällen erhöhte Gärung mit einer Erhöhung der stationären Brenztraubensäurekonzentration parallel geht. Dieses Ergebnis erscheint einleuchtend, wenn man bedenkt, daß Brenztraubensäure ein wichtiges Intermediärprodukt für viele Synthesen in der Zelle darstellt. Vermutlich werden auch andere Substanzen, insbesondere Aminosäuren, unter den Bedingungen hoher aerober Gärung aufgestaut und bedingen dadurch einen „Synthesedruck", dem die Zelle immer dann nachgibt, wenn alle chemischen Bausteine zur Neubildung von Zellmaterial im Nährmedium vorliegen. Man wird fragen, warum dann nicht unter *anaeroben* Bedingungen die idealen Wachstumsbedingungen gegeben sind. Hierzu ist zu sagen, daß es, abgesehen von gewissen Intermediärprodukten, die nur beim aeroben Stoffwechsel gebildet werden (Citronensäurecyclus!), wohl die *Kombination* zwischen dem erhöhte Zwischenproduktkonzentrationen liefernden anaeroben Stoffwechsel und dem Energie liefernden aeroben Stoffwechsel ist, die Vorbedingung für Wachstum darstellt. Man hat oft die Energie liefernde Atmung als entscheidend für das Wachstum betrachtet, es scheint aber — zumindest bei Hefezellen —, daß bereits die Atmungsgröße bei Glucoseoxydation ohne Wachstum (bei Abwesenheit von für Synthesen notwendigen Stickstoffverbindungen) genügend Energie zur Verfügung stellt, oder stellen könnte. Es braucht demnach zur Auslösung des Wachstums keine Atmungssteigerung einzutreten, sondern es müssen verwertbare Intermediärprodukte, evtl. auch DPN-$H_2$, in erhöhter stationärer Konzentration durch aerobe Gärung angeliefert werden.

Wir sind z. Z. damit beschäftigt, die Analysen stationärer Zwischenstoffkonzentrationen auf andere Substanzen, insbesondere das System DPN/DPN-$H_2$ auszudehnen. Von besonderem Interesse wird es hierbei sein, auch tierische Gewebe unter verschiedenen Stoffwechselbedingungen zu analysieren. Wir haben solche Versuche mit den Zellen des Mäuse-Ascites-Tumors, die experimentell wie Hefezellen behandelt werden können, in Angriff genommen.

Versuche dieser Art werden die oben skizzierten Verhältnisse beim Zustandekommen der aeroben Gärung weiter aufklären. Man wird dabei nicht nur Einblicke in die „dynamische Biochemie des Wachstums", sondern auch in die Mechanismen der Stoffwechselregulation und damit der verschiedensten Stoffwechselkrankheiten bei höheren Lebewesen erhalten. Auf diesem Gebiet liegt wohl eine wesentliche Bedeutung von Untersuchungen über das Zusammenwirken der Fermente. Absicht des vorliegenden Referates war es als Vorarbeit für solche Untersuchungen zu zeigen, daß die Übertragung der an isolierten Fermenten und Fermentketten gewonnenen kinetischen und thermodynamischen Befunde auf das komplexe System der intakten Zelle prinzipiell möglich ist.

## Literatur.

[1] MICHAELIS, L., u. M. L. MENTEN: Biochem. Z. **49**, 333 (1913).
[2] BÜCHER, TH.: Biochim. et Biophysica Acta 1, 292 (1947).
[3] KUBOWITZ, F.: In Tab. Biol. **9**, 223 (1934).
[4] NEUBERG, C. u. Mitarb.: Biochem. Z. **110**, 193 (1920).
[5] CONWAY, E. I., and M. DOWNEY: Biochemic. J. **47**, 347 (1950).
[6] Zusammenfassung s. 2. Mosbacher Colloquium. Berlin: Springer-Verlag 1952.
[7] HUENNEKENS, F. M., and D. E. GREEN: Arch. of Biochem. **27**, 418 (1950).
[8] SIEKEVITZ, P., and V. R. POTTER: J. of Biol. Chem. **201**, 1 (1953).
[9] HOLZER, H.: Habilitationsschrift. Univ. München 1952.
[10] DIXON, M.: Multi enzyme systems, Cambridge Univ. Press 1951.
[11] WARBURG, O.: Wasserstoffübertragende Fermente. S. 33. Berlin: Saenger 1948.
[12] WARBURG, O., u. W. CHRISTIAN: Biochem. Z. **303**, 40 (1939).
[13] KUNITZ u. MACDONALD: In Cristalline Enzymes. New York: Columbia Univ. Press, 1948.
[14] HOLZER, H., u. J. SELL: Unveröffentlicht.
[15] HOLZER, H., u. E. HOLZER: Hoppe-Seylers Z. **292**, 232 (1953).
[16] WARBURG, O.: Wasserstoffübertragende Fermente, S. 52—53, und Schwermetalle als Wirkungsgruppen von Fermenten. S. 82 u. 166. Berlin: Saenger 1946.
[17] WARBURG, O.: Über den Stoffwechsel der Tumoren. Berlin: Springer 1926.
[18] O'CONNOR, R. J.: Brit. J. Exper. Path. **31**, 390 (1950); zit, nach H. LETTRE Z. Krebsforsch. **58**, 621 (1952).
[19] WARBURG, O.: Biochem. Z. **204**, 482 (1929).
[20] HOLZER, H.: Habilitationsvortrag, Univ. München, 28. 1. 1953.
[21] LYNEN, F.: Liebigs Ann. **546**, 120 (1941).
LYNEN, F., u. R. KOENIGSBERGER: Liebigs Ann. **573**, 60 (1951).
[22] JOHNSON, M.: Science (Lancaster, Pa.) **94**, 200 (1941).
[23] POTTER, V. R.: Cancer Res. **1951**, 565.
[24] HOLZER, H., K. BEAUCAMP u. M. GRASSL: Unveröffentlicht.

## Diskussion.

NETTER (Kiel): Aus der Restitutionszeit nach Jodessigsäure-Vergiftung müßte sich die Geschwindigkeit der Neusynthese des Triosephosphatdehydrase-Proteins in lebender Hefe berechnen lassen.

HOLZER: Nimmt man 5 mg Triosephosphatdehydrase pro Gramm Hefe (Trockengewicht ) an, so ergibt sich eine Neusynthese von etwa 2 mg Triosephosphatdehydrase-Protein pro Gramm Hefetrockengewicht in 1 Std. bei

20°. Eventuell wird aber bei der Restitution nicht das gesamte Fermentprotein neu synthetisiert, sondern nur das am Schwefel alkylierte Glutathion gegen neues Glutation ausgetauscht!

MARTIUS (Würzburg): Diese Frage könnte mit Isotopen quantitativ angegangen werden.

NETTER: Bei der Carboxylase erklärt das in der lebenden Zelle in stationär niedriger Konzentration vorhandene Substrat den Unterschied zwischen der Carboxylaseaktivität bei intakten, gärenden Zellen und der nach Aufschluß der Zellen gemessenen Aktivität. Gilt dies auch für andere Fermente, bei welchen ja ein sehr großer Unterschied besteht? (Siehe Tabelle aus Referat Prof. LANG!)

HOLZER: Bisher haben wir nur das Carboxylase-System analysiert. Vermutlich kann aber auch der enorme Unterschied der in vivo und in vitro Aktivität bei anderen Fermenten, z. B. bei Triosephosphatdehydrase so erklärt werden. Hier ist es wahrscheinlich das mangelnde, freie anorganische Phosphat, das die Fermentaktivität in der lebenden Zelle gegenüber der optimalen Aktivität sehr erniedrigt.

NETTER: Bei annähernd gleicher Wirkungsgröße hintereinander geschalteter Fermente ist es sehr schwierig, *einem* der Fermente die geschwindigkeitsbestimmende Rolle zuzuordnen.

HELMREICH (München): Wäre der PASTEUR-Effekt nicht auch durch eine Konkurrenz von Milchsäuredehydrase einerseits und den Fermenten der Atmungskette andererseits um DPN-H erklärbar?

HOLZER: Eine solche Konkurrenz spielt sicher mit eine Rolle und soll durch Versuche, welche wir bereits in Angriff genommen haben, geklärt werden (DPN- und DPN-H-Bestimmungen in lebenden Zellen). Eine solche Konkurrenz erklärt aber nicht, daß aerob weniger Zucker umgesetzt wird als anaerob. Dies wird nur durch Phosphatregulation nach LYNEN verständlich.

LANG (Mainz): Die Lostvergiftung verläuft im allgemeinen parallel zur Jodessigsäurevergiftung. Lost reagiert nicht nur mit SH-Gruppen von Proteinen sondern auch mit DPN-H. Spielt letztere Reaktion auch bei der Jodessigsäurehemmung eine Rolle?

HOLZER: Bei unseren Versuchen mit Hefe geht die Gärungshemmung der Inaktivierung des Triosephosphatdehydrase-*Proteins* parallel, da nach Auswaschen der Jodessigsäure und Plasmolyse der vergifteten Zellen mit flüssiger Luft die im optischen Test mit neu zugesetztem DPN und Phosphoglycerinaldehyd bestimmte Triosephosphatdehydrase-Aktivität parallel zur Minderung der Gärungskapazität der verwendeten Zellen abgenommen hat.

JOST (Köln): Welches ist die Ursache für die Unterschiede der Relation „Atmungsgröße : Glykolysegröße" bei verschiedenen Zellen und Geweben?

**Holzer**: Die genetisch bedingte Fermentbesetzung variiert bei verschiedenen Geweben. Dadurch verschiedene Kapazität zur Atmung und Glykolyse.

**Bücher** (Hamburg): Es bestehen oft sehr hohe Fermentkonzentrationen in lebenden Geweben. Der Kaninchenmuskel enthält z. B. etwa 10 g Triosephosphatdehydrase/kg Muskel, also etwa 10 mg/ml. Diese hohen Fermentkonzentrationen sind wahrscheinlich die Grundlage für die Anpassungsfähigkeit der Zelle an plötzlich geforderte hohe Umsatzleistungen. Michaelis-Konstanten, Proportionalität zwischen Fermentkonzentration und Aktivität usw. wurden bisher aber immer bei um viele Zehnerpotenzen verdünnteren Fermentkonzentrationen gemessen. Liegen Versuche mit den hohen (physiologischen) Fermentkonzentrationen vor?

**Holzer**: Die Abhängigkeit der genannten Daten von der Fermentkonzentration haben wir bisher nicht geprüft, aber die Fermentkonzentrationen sind prinzipiell sicher zu berücksichtigen, wenn man in vitro Meßergebnisse auf intakte Zellen übertragen will. Bei Carboxylase kommt man wohl deshalb ohne Berücksichtigung der Fermentkonzentration in der lebenden Zelle zu übereinstimmenden Ergebnissen, weil die optimale Wirkungsgröße dieses Fermentes gemessen an destruierten Zellen nur wenig größer ist als die Gärungsgröße der intakten Zellen. Das heißt die Fermentkonzentration (gemessen an der Wirkungsgröße) ist relativ klein. Dagegen ist die optimale Wirkungsgröße der Triosephosphatdehydrase (gemessen an destruierten Zellen) wesentlich größer als ihrer stationären Durchsatzleistung in intakten Zellen entspricht. Hier wird also die „physiologische" Fermentkonzentration zu berücksichtigen sein. Die hohe Triosephosphatdehydrase-Konzentration erklärt eventuell den Mechanismus der „Anpassung": Nach Lynen können je nach Angebot an freiem anorganischem Phosphat sehr verschiedene Kohlenhydratdurchsatzgrößen in der lebenden Zelle auftreten. Das anorganische Phosphat wiederum wird im Zusammenhang mit den Phosphorylierungs- und Dephosphorylierungs-Vorgängen durch den jeweiligen Energiebedarf der Zelle reguliert. Die „Anpassung" könnte demnach auf ein chemisches Regulationsphänomen zurückgeführt werden.

**Hoffmann-Ostenhoff** (Wien): Spielt direkte Hexosephosphatoxydation eine Rolle beim Kohlenhydratabbau in Hefe?

**Holzer**: Die Wirkungsgröße dieser Fermente ist bei allen bisher untersuchten Geweben, relativ zu den Fermenten des Embden-Meyerhof-Schemas, gering, so daß Kohlenhydratabbau durch direkte Oxydation der phosphorylierten Hexosen wohl quantitativ kaum ins Gewicht fällt. Versuche über die Kinetik der Jodessigsäurehemmung bei Hefe sprechen dafür, daß auch hier mehr als 80% der beobachteten Glucoseoxydation über das Embden-Meyerhof-Schema erfolgen.

# Antagonismen und Konkurrenzen um den Platz am Ferment.

Von

J. KÜHNAU.

*Aus dem Physiologisch-Chemischen Universitätsinstitut Hamburg.*

Die ständig zunehmende Erkenntnis von der Bedeutung des Wirkstoff-Hemmstoff-Antagonismus als kausalen Prinzips der Biochemie, Mikrobiologie und Chemotherapie hat die Aufmerksamkeit der Biologen umsomehr auf die physikalisch-chemischen Grundlagen dieses Prinzips gerichtet, als sich herausstellte, daß eine solche Analyse auch wertvolle Beiträge zur Aufklärung des Wesens der Enzymwirkungen selbst zu liefern vermag. Jeder Versuch, Einblicke in das Zustandekommen eines biologischen Antagonismus zu gewinnen, hat von der Vorstellung eines räumlichen Kontaktes zwischen dem durch einen Hemmstoff verdrängbaren Metaboliten und einem Protein auszugehen und muß daher die klassische, von MICHAELIS und MENTEN[1] formulierte Konzeption der Bildung dissoziabler Enzym-Substrat-Komplexe bei jeder Art von Enzymwirkung zur Grundlage weiterer Überlegungen machen, auch dann, wenn ein nichtenzymatischer Verdrängungsmechanismus vorliegt, wie im Falle der Konkurrenz verschiedener Ionen um den Platz an der Oberfläche adsorbierender Proteine[2]. Bei Anwendung der klassischen Theorie wird die Wirkstoff-Hemmstoff-Beziehung durch folgende einfachen Formeln ausgedrückt:

$$\mathrm{E} + \mathrm{S} \xrightleftharpoons[k_2]{k_1} \mathrm{ES} \xrightarrow{k_3} \mathrm{E} + \mathrm{P} \tag{1}$$

$$\mathrm{E} + \mathrm{I} \xrightleftharpoons[k_2']{k_1'} \mathrm{EI}, \tag{2}$$

worin E = Enzym oder wirksames Protein, S = Substrat, P = Reaktionsprodukt, I = Inhibitor und $k_1$ ($k_1'$), $k_2$ ($k_2'$), $k_3$ die Geschwindigkeitskonstanten für Hin-, Rück- und Weiterreaktion sind. Die ursprüngliche Annahme, daß sich zwischen E, S und ES sehr schnell ein lediglich von $k_1$ und $k_2$ bestimmtes Gleichgewicht einstelle, mußte verlassen werden, als sich herausstellte, daß die durch $k_2$ definierte Rückreaktion oft so langsam verläuft, daß sie gegenüber der Weiterreaktion ES→ E + P in den Hintergrund tritt[3], deren Konstante $k_3$ damit als maßgebender Summand in die Gleichung der sog. Michaelis-Konstanten $K_M$ eingeht:

$$K_M = \frac{[\text{E}]\,[\text{S}]}{[\text{ES}]} = \frac{k_2 + k_3}{k_1} \tag{3}$$

$k_3$ ist die „Konstante der Aktivierungsgeschwindigkeit", da ES nicht unmittelbar in E + P umgewandelt wird, sondern erst nach Übergang in eine energiereiche, sofort und irreversibel in E + P zerfallende Zustandsform $ES^+$ („transition state"). Damit erweist sich $k_3$ als die Summenkonstante je einer Reaktion erster und nullter Ordnung, deren Charakter stark von $k_1$ beeinflußt wird. Offenbar ist auch $K_M$ nur formal ein Gleichgewicht, de facto aber ein "steady state" zweier Reaktionen verschiedener Ordnung, denen die Konstanten $k_2/k_1$ und $k_3/k_1$ entsprechen[4]. $k_3$ und $K_M$ können zur Ermittlung der relativen Affinität eines Enzyms (oder anderen substratbindenden Proteins) gegenüber zwei verschiedenen Substraten oder gegenüber je einem Substrat und Inhibitor herangezogen werden. Je größer $k_3$ (bei gleichem $K_M$) oder je kleiner $K_M$ (bei gleichem $k_3$), um so größer ist die Affinität Enzym-Substrat (bzw. Enzym-Inhibitor). Durch Vergleich der für 2 Substrate (oder ein Substrat-Hemmstoff-Paar) gemessenen $k_3$- und $K_M$-Werte kann also die relative Festigkeit ihrer Bindung an die Proteinoberfläche ermittelt und so ein Maß für die Konkurrenz zweier verschieden umsatzfähiger Substrate oder von Substrat und Hemmstoff um den Platz am Ferment gewonnen werden. Dabei ist zu berücksichtigen, daß auch die Gl. (2) in ihrer ursprünglichen Form nicht ganz den tatsächlichen Verhältnissen entspricht. Das meist als nicht umsatzfähig angesehene Addukt EI kann sehr wohl, und zwar oft schneller als sein physiologisches Korrelat ES in E und ein Reaktionsprodukt von I (P') umgewandelt werden, wie dies etwa für den Hypoxanthin-Antagonisten Azaguanin[5] und den Methionin-Antagonisten Äthio-

nin[6] zutrifft. Oft stellt erst P′ den eigentlichen Hemmstoff dar
(s. u.). Gl. (2) muß daher für diese Fälle dieselbe Form wie Gl. (1)
erhalten:

$$E + I \underset{k_2'}{\overset{k_1'}{\rightleftarrows}} EI \xrightarrow{k_3'} E + P' \tag{4}$$

Für die Michaelis-Konstante der Inhibitorreaktion ($K_M'$) wäre dann
eine der Gl. (3) entsprechende Beziehung anzunehmen. Analoge
Verhältnisse gelten für die Affinitäten enzymatisch unwirksamer
Proteine zu anorganischen Ionen und deren Konkurrenz um den
Platz an der Proteinoberfläche[2]. $k_3$ kann aus den der Messung
zugänglichen Werten für die maximale, bei voller Substratsättigung des Enzyms zu beobachtende Reaktionsgeschwindigkeit
$V_{max}$ errechnet werden, da

$$V_{max} = k_3 [E], \tag{5}$$

und $K_M$ ergibt sich aus der Michaelis-Menten-Gleichung für die
Gesamtgeschwindigkeit $v$:

$$v = \frac{v_{max}[S]}{K_M + [S]} \tag{6}$$

deren reziproke Form die Möglichkeit einer graphischen Ermittlung von $K_M$ und $k_3$ bietet[7], darüber hinaus aber in einer etwas
abgeänderten Gestalt die Zahl der aktiven zur Substratbindung
befähigten Bezirke der Enzymoberfläche zu bestimmen gestattet[8].
Kompliziert werden allerdings die Verhältnisse dadurch, daß
Gl. (1) nur die einfachste Form der Enzym-Substrat-Bindung ver-
anschaulicht; vielfach (so bei Peroxydasen) setzt sich ES noch
mit einem weiteren (Donator-)Molekül um, und es entstehen dann
ternäre Komplexe gemäß folgender Reaktion[24]:

$$E + S \rightarrow ES;\ ES + AH_2 \rightarrow E{\Big\langle}{\genfrac{}{}{0pt}{}{S}{AH_2}} \rightarrow E + A + SH_2 \tag{7}$$

Der zur Enzymhemmung führende Wettbewerb zwischen Substrat und Inhibitor kann sich auf drei Wegen vollziehen, die sich
durch den Ort der Bindung des Inhibitors an der Enzymoberfläche
unterscheiden. Der erste Modus ist der der *kompetitiven Hemmung:*
der Hemmstoff konkurriert mit dem Substrat ausschließlich um
das katalytisch aktive Areal der Enzymoberfläche. Hierher gehören die Strukturanaloga der Metaboliten (Substrate und Co-
Enzyme), von wenigen Ausnahmen — z. B. Chloromycetin, einem

nichtkompetitiven Hemmstoff des Phenylalanins[9] — abgesehen. Die Hemmungsintensität kompetitiv wirkender Antimetaboliten kommt in dem „Hemmungsindex" zum Ausdruck, der angibt, bei welchem molaren Mengenverhältnis sich die Wirkungen von Inhibitor und Metabolit genau kompensieren. Der zweite Mechanismus der *nichtkompetitiven Hemmung* besagt, daß der Hemmstoff an katalytisch inaktiven Oberflächenbezirken des Proteins gebunden wird; in diesem Falle gelten neben Gl. (1 u. 2) auch Gl. (8):

$$ES + I \rightarrow ESI \tag{8}$$

Eine eigentliche Verdrängungsreaktion oder eine Konkurrenz um den Platz am Ferment ist hier also nicht gegeben, ein Hemmungsindex daher nicht meßbar. Hierher gehören die lange bekannten Inhibitoreffekte großer Substratkonzentrationen, von Reaktionsprodukten und manchen anorganischen Ionen; Beispiele für Hemmwirkungen der erstgenannten Art sind die Hemmung der Cholinesterase durch Acetylcholin[10] und der Urease durch Harnstoff[11]. Diese letztere wird so erklärt, daß Harnstoff und Wasser benachbarte Oberflächengruppierungen am Ureasemolekül in Anspruch nehmen. Bei hohen Harnstoffkonzentrationen wird der Harnstoff auch an den Oberflächenarealen gebunden, die sich unter physiologischen Verhältnissen mit Wasser beladen, und dadurch die Reaktion, zu der Wasser benötigt wird, blockiert. Dieser Fall zeigt, daß unter gewissen Bedingungen ein nichtkompetitiver Antagonismus auch dann vorliegen kann, wenn der Hemmstoff am katalytisch aktiven Oberflächenbezirk (oder in seiner unmittelbaren Nähe) fixiert wird. Dies ist auch dann der Fall, wenn das katalytisch aktive Areal nicht in vollem Umfang für die Ferment-Substrat-Bindung in Anspruch genommen wird. Die Katalasehemmung durch HCN ist nichtkompetitiv, obwohl HCN am katalytisch aktiven Eisen des Ferments gebunden wird; da jedoch das Substrat $H_2O_2$ nur den Platz an einem der 4 Eisenatome beansprucht, stehen dem Hemmstoff HCN die übrigen 3 Fe-Atome für seine Bindung zur Verfügung, und es kommt zu keiner Verdrängungsreaktion[11]. Dagegen ist die HCN-Hemmung der Peroxydase, die nur ein Eisenatom enthält, streng kompetitiv. Eine dritte Form des biologischen Antagonismus, die sog. *unkompetitive Hemmung*, liegt dann vor, wenn der Hemmstoff sich nur nach

Gl. (8) mit ES, aber nicht mit E verbindet („Enzym-Komplex-Hemmung", Beispiel: Azidhemmung der oxydierten Form des Atmungsferments[12]). Kompliziertere Formen der Hemmung (*"quadratic inhibition"*, D. BURK) sind dann anzunehmen, wenn der Inhibitor nicht die eigentliche Enzym-Substrat-Bindung beeinflußt, sondern in Neben- oder Parallelreaktionen eingreift, die das Ausmaß der Bildung oder Verfügbarkeit von ES beeinflussen. Übergänge zwischen den einzelnen Hemmungstypen kommen vor und werden vor allem bei Änderung der Inhibitorkonzentration beobachtet; steigt diese an, so kann eine nichtkompetitive Hemmung in eine kompetitive übergehen, indem der Hemmstoff, der zunächst nur katalytisch inaktive Stellen der Enzymoberfläche blockiert, bei höherer Konzentration zusätzlich auch an den katalytisch wirksamen Punkten gebunden wird („*indeterminate inhibition*", Beispiele: Chlorazetat-Hemmung der Carboxypeptidase[13], Hemmung des Trypsins durch Benzoyl-1-arginin[14]). Analoges gilt auch für nichtenzymatische Hemmungsreaktionen, wie die wahlweise Bindung von Ionen an Proteine[15].

Die Anforderungen, die das Zustandekommen der Enzym-Substrat-Reaktion an das Relief der Enzymoberfläche stellt, gehen am deutlichsten aus dem Studium der Effekte strukturanaloger Antimetaboliten hervor. Im folgenden werden daher in erster Linie die Wirkungen der kompetitiv hemmenden Strukturanalogen einer Analyse ihrer Abhängigkeit von der Spezifität der Oberflächenentfaltung des beteiligten Enzyms unterzogen.

Die Möglichkeiten der kompetitiven Hemmung einer Fermentreaktion sind vielfältig. Im einfachsten Falle kann der Antagonist selbst durch Verdrängung des Substrats die Reaktion zum Stillstand bringen (Beispiel: Malonathemmung der Succinodehydrogenase). Dies gilt, so lange nach Gl. (2) der strukturanaloge Antagonist vom Enzym nicht angegriffen wird (Typus I). Wenn dagegen der Antagonist entsprechend Gl. (4) vom Enzym in normalem oder sogar beschleunigtem Tempo umgesetzt wird (Typus II), so kann die Hemmwirkung entweder durch Ablenkung des Enzyms auf den bevorzugt umsetzbaren Antagonisten oder dadurch bedingt sein, daß das aus dem Antagonisten hervorgehende Reaktionsprodukt P′ in einer Folgereaktion hemmend wirkt. Beispiele für diesen noch zu wenig beachteten Antagonistentyp sind Azaguanin[5], Fluoressigsäure als Hemmstoff der

Aconitase[16], Äthionin, welches erst durch seinen bevorzugten Einbau in Eiweiß methioninverdrängend wirkt[17], und Dichlorflavin, das in normalem Umfang von Flavokinase phosphoryliert wird und erst als Phosphorsäureester gelbe Fermente hemmt[18]. Der Inhibitoreffekt strukturanaloger Antimetaboliten erstreckt sich außer auf substratähnlich gebaute Stoffe auch auf solche, die eine strukturelle Analogie zu Co-Enzymen aufweisen. Das erklärt sich mit einer biologischen Verwandtschaft von Substraten und Co-Enzymen, die beide nur in räumlicher Verbindung mit dem Fermentprotein die für sie charakteristischen Veränderungen (z. B. Elektronenaufnahme und -abgabe) erleiden und durch funktionelle Übergänge miteinander verknüpft sind (vgl. den Übergang des Substrats Glucose-6-phosphat in das Co-Enzym Glucose-1,6-diphosphat!). Die Gesetze der kompetitiven Hemmung gelten also auch für Co-Enzym — Anti-Co-Enzym-Beziehungen. So kann einmal der Co-Enzym-Antagonist selbst die co-enzymbedingte Reaktion blockieren (Typus III), wie dies beim Pyrithiamin-pyrophosphat der Fall ist[19], ein Vorgang, der vielleicht physiologische Bedeutung besitzt, da als Hemmstoff des Co-Enzyms ein Bruchstück seines eigenen Moleküls fungieren kann (Ausschaltung von Flavin-Adenin-Dinukleotid durch Adenin[20] und von Pyridinnukleotiden durch Nikotinsäureamid[21]). Viel häufiger wird aber diese Hemmung durch Antagonisten einer Co-Enzym-Vorstufe, etwa eines freien Vitamins, bewirkt (Typus IV); so hemmt Aminopterin die Umwandlung der strukturanalogen Folsäure in den co-enzymartig wirkenden Citrovorumfaktor[22]. Hierher gehören die meisten der zahlreichen Fälle von Vitamin-Antivitamin-Antagonismen[23].

Die Einsicht in die oberflächenstrukturellen Grundlagen der Verdrängungsreaktion setzt voraus, daß konkrete Vorstellungen von der Struktur der aktiven, zur Substrat-(Co-Enzym-) wie zur Inhibitor-Bindung befähigten Oberflächenbezirke der Fermentproteine herrschen. Derartige Vorstellungen sind bisher fast nur auf dem Gebiet der Proteasen und der Cholinesterase vorhanden. Über die topographischen Bedürfnisse der Co-Enzym-Bindung ist noch weniger bekannt, doch muß die Strukturspezifität der hierfür erforderlichen Enzymoberfläche begrenzt sein, da sich fast jedes Co-Enzym wahlweise mit verschiedenen Enzymproteinen verbinden kann. Andererseits muß das Relief der aktiven

Oberfläche bei den meisten co-enzymbedürftigen Fermentproteinen eine recht komplizierte Gestalt haben, da die Enzym-
Substrat-Reaktion bei derartigen Proteinen keineswegs nur durch
das Co-Enzym vermittelt wird, sondern oft (oder immer?) auch
die Proteinoberfläche in Anspruch nimmt; in dem beim $H_2O_2$-
Umsatz durch Peroxydase und Katalase intermediär gebildeten
ternären Komplex $E\!\!<^S_{AH_2}$ [s. Gl. (7)] ist der Substratbestand-
teil $AH_2$, der als Wasserstoffdonator fungiert, unmittelbar an die
Proteinoberfläche gebunden, wie aus dem Ausbleiben spektraler
Veränderungen bei der Bildung des ternären Komplexes zu
schließen ist[24]. Es kommt hinzu, daß zahlreiche Fermente multiple Co-Enzymbedürfnisse haben (Triosephosphatdehydrogenase,
Pyruvat-oxydase). Aber selbst bei ohne Co-Enzym wirkenden
Fermentproteinen wird die Beschreibung der Struktur der „aktiven Oberfläche" dadurch erschwert, daß die nach LOEWUS-
BRIGGS[8] bestimmbare Zahl der aktiven Oberflächenbezirke nichts
über die Zahl der wirklichen Kontaktmöglichkeiten des Enzyms mit
seinem Substrat aussagt. Die aktiven Bezirke sind in vielen Fällen
unterteilt in Einzelareale, die unabhängig voneinander als Haftpunkte für Substrat und Inhibitor dienen können. BERGMANN
hat 1935 mit seiner „Polyaffinitätstheorie" die Unterlage für eine
Reihe von Befunden geschaffen, die die Notwendigkeit multipler
Oberflächenkontakte für das Zustandekommen proteolytischer
Effekte beweisen[25]. So enthält Chymotrypsin zwar nur einen
katalytisch (exopeptidatisch) wirksamen Bezirk[8], bindet aber
seine Substrate an drei verschiedenen Kontaktpunkten innerhalb
dieses Bezirks[26], wobei das Substrat in einer „aktivierten", „gespannten" (strained) Form der Fermentoberfläche angelagert
wird; diese Bindung erfordert Energie[27]. Inhibitoren des Chymotrypsins dagegen bedürfen zur Entfaltung ihrer Hemmwirkung
nur der Bindung an einen dieser drei Kontaktpunkte und daher
nur einer geringeren Aktivierungsenergie. Bei der Folsäure bzw.
den sich von ihr ableitenden Co-Enzymen sind, wie sich aus der
Analyse der zur Erzeugung von Inhibitorwirkungen erforderlichen
Veränderungen des Folsäuremoleküls ergibt, sogar fünf Haftgruppen zur Bindung an das Fermentprotein notwendig[28], und
auch hier genügt zur Erzielung eines Antagonisteneffektes schon
das Vorhandensein einer oder zweier dieser Haftgruppen, wie dies

beim Xanthopterin[29] und beim Diamino-dimethylpteridin[30] der Fall ist. Umgekehrt zeigt das Beispiel des Aminopterins, daß schon das Fehlen einer dieser Haftgruppen stärkste Antagonistenwirkung hervorrufen kann. Es scheint auch, daß eine multiple Bindung des Inhibitors an die Enzymoberfläche den Hemmungseffekt verstärkt, wenn sie ohne Herstellung einer „gespannten" Struktur möglich ist. Dafür spricht das Vorhandensein von Hemmstoffreaktionen, bei denen das nur einen Haftpunkt besetzende Strukturanalogon (z. B. 2-Amino-4-oxy-6,7-dimethylpteridin) als Hemmstoff kaum wirksam ist, dagegen stärksten Inhibitoreffekt entfaltet, wenn die anderen Haftpunkte durch einen an sich ebenfalls unwirksamen zweiten Strukturanalogen (p-Aminobenzoylglutaminsäure) besetzt werden[31]. Die den Inhibitoreffekt bedingende Affinitätszunahme bei der verdrängenden Gruppe ist meist verursacht durch Beseitigung der elektrostatischen Abstoßung zwischen den aktiven Bezirken von Protein und Substrat, die vielleicht zur Beseitigung der Reaktionsprodukte notwendig ist[32]. So bewirkt Ersatz der Säureamidgruppe durch die Gruppierung $-CO-CH_3$ oder $-CO-C_6H_5$ (Nikotinsäureamid-Acetylpyridin; Pantothensäure (als Co-Enzym A)-Phenylpantothenon; Acetyltyrosinamid-1-p-Oxyphenyl-2-acetamino-3-butanon [gegenüber Chymotrypsin[32]]) Inhibitorwirksamkeit wahrscheinlich durch Entladung der Enzymoberfläche[27]. Noch deutlicher ist dieser Effekt als Grundlage von Verdrängungsreaktionen, die von den optischen Antipoden der Aminosäuren ausgehen. Carboxypeptidase wird durch d-Phenylalanin bei jedem $p_H$, durch l-Phenylalanin nur bei $p_H$ 9, dann aber stärker als durch die d-Form, gehemmt. Offenbar tritt die positiv geladene Aminogruppe der l-Form im Gegensatz zu der des optischen Antipoden in so nahe Nachbarschaft zu der positiv geladenen katalytisch aktiven Oberfläche des Enzyms, daß elektrostatische Abstoßung erfolgt, so lange die Aminosäure als Kation vorliegt, daß dagegen eine Hemmung durch Verlust dieser Abstoßung eintritt, wenn sie als Anion reagiert[13]. Neben elektrostatischen Kräften spielen bei der Enzym-Substrat-(-Inhibitor)-Bindung auch Wasserstoffbindungen eine Rolle, die beim Chymotrypsin zwischen Enzym und „sekundärer" Peptidgruppe des Substrats ausgetauscht werden[33]. Wird diese Gruppe so modifiziert, daß der Austausch nicht mehr möglich ist (wie beim α-Benzylmalonamid), so verschwindet jede Substrataktivität[32]. Im Falle der Cholinesterase hat sich ergeben, daß der aktive Bezirk dieses Ferments zwei Struktureinheiten aufweist, den "anionic site" sauren Charakters und den "esteratic site", der Protonen aufnehmen und abgeben kann und zwei Ampholytgruppierungen enthält. Acetylcholin wird mit dem Cholin-N am "anionic site", mit der Esterbindung am "esteratic site" gebunden, während von den Esterase-Inhibitoren Eserin und Prostigmin an beiden Punkten, schwach basische Inhibitoren (Asparagin, Nikotinsäureamid, Coramin, Glycinäthylester) vorwiegend am "anionic site" und Tetraäthylpyrophosphat nur an den esteratisch wirksamen Ampholytgruppierungen gebunden werden[34]. Die Spezifität der Reliefstruktur der aktiven Oberfläche ist jedoch dadurch begrenzt, daß vielfach das gleiche Substrat durch verschiedene Fermente — wenn auch in verschiedener Richtung — angegriffen wird („Homospezifität", M. BERGMANN). So stellen bestimmte Papaine, Rindermilzkathepsin und kristallisiertes Trypsin die gleichen Anforderungen an die Natur der mit dem Enzym in Reaktion tretenden Substratgruppierungen, und das gleiche gilt für verschiedene andere Proteasen und Peptidasen. Das Prinzip der Homospezifität, das außerhalb des Gebiets der proteolytischen Fermente noch wenig Beachtung gefunden hat[35], scheint von sehr allgemeiner Bedeutung für das Problem der Enzym-Substrat-Bindung zu sein. So wird Acetaldehyd im Tierkörper von so verschiedenen Enzymen wie Aldehyd-dehydrase, Triosephosphat-dehydrogenase und dem Flavoprotein Aldehydoxydase umgesetzt; in den untereinander zweifellos verschiedenen aktiven Bezirken dieser Fermente müssen also identische Teilareale vorhanden sein, die dem Acetaldehydmolekül entsprechen. Daß Identität der Substrate bei verschiedenen Fermenten nicht unbedingt Identität der gesamten „aktiven Bezirke" voraussetzt, geht aus Erfahrungen der vergleichenden Biochemie der Antivitamineffekte hervor. Sie besagen, daß Enzyme mit gleichen Co-Enzymbedürfnissen keineswegs stets durch die gleichen Co-Enzym-Antagonisten gehemmt werden (Beispiel: Atebrin hemmt gelbe Fermente nur im Organismus der Malariaplasmodien[36]) und daß das gleiche Strukturanalogon eines Co-Enzyms (oder Vitamins) im Falle des einen Organismus als Antagonist, im Falle eines anderen als Stellvertreter des zugeordneten Co-Enzyms fungieren kann (Beispiel: p-Aminosalicylsäure hemmt p-aminobenzoesäure-

bedürftige Enzyme beim Tuberkelbacillus und aktiviert sie beim
Colibacillus; Aminopterin ist bei Säugetieren ein Antagonist, bei
Protozoen ein Stellvertreter der Folsäure[36, 28]). Es gelingt also,
durch variierte Abwandlungen des Metabolitenmoleküls Antimetaboliten mit spezies-spezifischer, gezielter, nur bei wenigen
und jeweils verschiedenen Arten von Lebewesen nachweisbarer
Wirkung zu produzieren, was chemotherapeutisch von großer Bedeutung ist. Das bekannteste Beispiel dieser Art sind die verschiedenen Sulfonamide, die sämtlich die p-Aminobenzoesäure
verdrängen, dies aber jeweils in optimalem Ausmaß nur bei einer
begrenzten Gruppe von Mikroorganismen tun; analog gibt es
unter den Pantothensäure-Antagonisten solche, die ihren Hemmungseffekt nur bei Bakterien, andere, die ihn nur bei Tricho-
monaden, und wieder andere, die ihn nur bei Malariaparasiten
entfalten[37]. Die Existenz solcher „gezielter" Antagonismen ist
nur erklärbar, wenn man annimmt, daß das Trägerprotein, welches
sich mit dem entsprechenden Metaboliten verbindet, bei den einzelnen Organismen geringfügige Unterschiede in der Oberflächen-
beschaffenheit aufweist, die zwar ohne Einfluß auf die Bindung
des Metaboliten sind, aber ausreichen, um die Affinität des Antimetaboliten zum Enzym und damit seine Antagonistenqualität
entscheidend zu beeinflussen. Solche Unterschiede betreffen wohl
nur kleine Teile des „aktiven Bezirks". Sie können nicht nur
durch Speziesdifferenzen genetisch vorgegeben sein, sondern auch
durch Mutation entstehen und dann zum Phänomen der "drug
resistance" (Resistenz gegen Antimetaboliten und Antibiotika)
Anlaß geben. Hierbei kommt es offenbar zu einer Veränderung
oder Neuprägung des aktiven Oberflächenareals gewisser Enzymproteine unter dem Einfluß des Inhibitors, derart, daß das physiologische Substrat sich noch in unverändertem Umfang an das
Enzym fixieren kann, aber nicht mehr durch den unter normalen
Bedingungen wirksamen Inhibitor verdrängt wird. Solche ohne
Veränderung der Affinität zum normalen Substrat einhergehende
Abwandlungen der Oberflächenstruktur von Enzymen lassen sich
durch einfache Mutationen in nachweisbarem Ausmaß hervorrufen[38]. Sie können soweit gehen, daß der ursprüngliche Antagonist zum Metaboliten wird und von der enzymchemisch ver-
änderten Zelle anstelle des eigentlichen Metaboliten als Substrat
oder Co-Enzym verwertet wird; so kann sich aus dem antagonisten-

empfindlichen Organismus ein antagonisten-resistenter und weiter
ein antagonisten-bedürftiger entwickeln, und der ursprüngliche
Metabolit wird dann zum Hemmstoff. Eine derartige Umkehr
des Metabolit-Antimetabolit-Verhältnisses ist bei den Paaren
Folsäure-Aminopterin im Falle der Mäuseleukämiezellen[39] und
p-Aminobenzoesäure-Sulfanilamid im Falle einer Neurospora-
Mutante[40] bekannt. In all diesen Fällen sind kleinere Veränderungen eines Teils der aktiven Oberfläche Ursache des Wegfalls
der Hemmwirkung. Auch das Umgekehrte, nämlich das Vorkommen identischer Unterstrukturen in sonst verschiedenen Ober-
flächenreliefs, welches oben (S. 123) als Grundlage der sog. Homospezifität vieler Enzyme postuliert wurde, läßt sich durch die
Inhibitoranalyse belegen, und zwar in Gestalt der gegen zwei verschiedene, aber in gewissen Details ähnlich gebaute Metaboliten
(Vitamine) gerichtete Antagonistenqualität *eines* Stoffes. So ist
1,2-Dichlor-4,5-diaminobenzol ein Doppelantagonist gegen Lakto-
flavin und Vitamin $B_{12}$, die beide einen 1,2-Dimethyl-4,5-diamino-
benzol-Rest enthalten, und Methionin-sulfoximin, das neurotoxi-
sche Produkt der Mehlbleichung mit $NCl_3$, ein Doppelantagonist
gegenüber Methionin und Glutamin, die untereinander ebenfalls
strukturell verwandt sind[37]. Hier sind auch jene Fälle zu nennen,
die Stoffe betreffen, welche für eine Gruppe von Lebewesen
Metabolitencharakter haben, anderen Organismen gegenüber aber
als Antagonisten eines zweiten, strukturell verwandten Metaboliten fungieren. So ist der Bakterienwuchsstoff p-Aminobenzoesäure für Rickettsien ein Hemmstoff, da er in deren Stoffwechsel
als Antagonist des Wuchsstoffes p-Oxybenzoesäure eingreift[41].
Die Existenz der eben erwähnten Homospezifität, also gleich
strukturierter aktiver Oberflächenbezirke (oder -teilbezirke) bei
verschiedenen Enzymen kann zu einer Konkurrenz mehrerer Enzyme um das gleiche Substrat führen und damit das Phänomen
der "preferential synthesis" erklären. So bildet Neurospora aus
Homoserin in erster Linie Methionin, daneben aber auch Threonin,
das bevorzugt entsteht, wenn die Methioninsynthese behindert
ist[42]; Milchsäurebakterien bilden mittels folsäurebedürftiger Enzymsysteme aus Methyldonatoren Methionin, Serin und Purin-
basen, wobei Blockierung der Enzyme mit steigenden Sulfonamid-
mengen diese Synthesen in der genannten Reihenfolge stillegt[43],
und Colimutanten können die von ihnen als Vorstufe aromatischer

Verbindungen produzierte Shikimisäure sogar in fünf enzymatischen Reaktionen weiter umsetzen, in deren Verlauf mit abnehmender Vordringlichkeit Tyrosin, Phenylalanin, Tryptophan, p-Aminobenzoesäure und p-Oxybenzoesäure entstehen[44]. Bei diesem Vorgang der "preferential synthesis" handelt es sich offenbar um einen der Integration und optimalen Abstimmung der synthetischen Stoffwechselprozesse dienenden, biologisch sehr bedeutsamen Vorgang. Das bevorzugt gebildete Produkt dient als „Regulator der Biosynthese", indem es nach Erreichung einer gewissen Mindestkonzentration als Hemmstoff der zu seiner eigenen Bildung notwendigen Reaktion wirkt und so den Umsatz seiner Vorstufe in Richtung der nächstbegünstigten Reaktion ablenkt, bei der sich dieser Vorgang wiederholen und zur Bildung eines dritten Reaktionsproduktes führen kann[44]. Umgekehrt kann, wenn aus einer gemeinsamen Vorstufe durch zwei Fermente mit ähnlicher Struktur der aktiven Oberfläche zwei struktur-analoge Produkte A und B gebildet werden, die sich antagonistisch beeinflussen, Anhäufung von A infolge genetisch bedingter Blockierung seiner Weiterverwendung auch den Umsatz von B hemmen; so staut sich bei genetisch bedingter Blockierung der Isoleucinbildung in einer Neurospora-Mutante eine Vorstufe ($\alpha$, $\beta$-Dioxy-$\beta$-methylvaleriansäure) an, die die Bildung von Valin aus einer anderen Vorstufe hemmt[45]:

$$\overset{2}{\phantom{x}}\, A \overset{1}{\to} \text{Isoleucin} \quad \text{Block bei 1 hemmt Bildung von Valin}$$
$$X \updownarrow$$
$$B \to \text{Valin} \qquad \text{Block bei 2 befördert Bildung von Valin}$$

Dadurch wird die Mengenrelation Isoleucin/Valin automatisch konstant gehalten. Die Mechanismen dieser Integration bewirken, daß die Metaboliten in optimaler Proportion gebildet und nicht vergeudet werden. Im Dienste dieser Integration stehen auch Mechanismen, die im ersten Augenblick schwer verständlich erscheinen; so die Tatsache, daß es Substrate gibt, die ihre eigene enzymatische Umwandlung hemmen (Dehydroshikimisäure bei E. coli[46]). Hier tritt also das Substrat mit dem Produkt seiner enzymatischen Umwandlung (Shikimisäure) in Konkurrenz um den Platz an dem die Folgereaktion katalysierenden Ferment. Der Sinn dieses Vorganges ist offenbar der, den Umfang der Umsetzung des Substrats auf ein mittleres Maß einzuregulieren, da der sonst in diesem Sinne wirksame Mechanismus der Hemmung durch das Reaktionsprodukt hier wegen dessen multipler Weiterverwendung nicht möglich ist. Die Anhäufung von strukturanalogen Vorstufen oder Nebenprodukten physiologischer Reaktionen, die eben diese Reaktionen kompetitiv hemmen, scheint ein wichtiger Faktor bei der Entstehung biochemischer Verlustmutanten zu sein. So bildet die pantothensäurebedürftige Neurospora-Mutante noch das Enzym, welches Pantothensäure aus Pantoat und $\beta$-Alanin synthetisiert, aber gleichzeitig einen spezifischen Inhibitor, der die aktive Oberfläche des Enzyms blockiert[47].

Eine der "drug resistance" (s. oben) verwandte Art der Um- oder Neuprägung katalytisch aktiven Proteinmaterials liegt der sog. adaptativen Enzymbildung zugrunde. Dieser Vorgang kann dadurch bewirkt werden, daß das Substrat des adaptativen Enzyms aktive, dem Substrat korrespondierende Oberflächenareale in ein bis dahin inaktives Protein einprägt; so entstehen bei der adaptativen Tryptophanase-Bildung in E. coli tryptophanhaltige aktive Gruppen de novo in vorher inertem Eiweiß[48]. Er kann aber auch durch Totalsynthese neuen Enzymproteins bedingt sein, und ist dann nur ein Sonderfall des Wachstums überhaupt, soweit dieses auf Eiweißsynthese beruht. Tatsächlich sind Wachstum und adaptative Enzymbildung in gleicher Weise hemmbar durch Aminosäure-Antagonisten (p-Fluorphenylalanin), die den Einbau der Aminosäuren in nichtenzymatisches und enzymatisches Zellprotein verhindern[49], oder durch Antagonisten des Substrats, wie das Phenyl-$\beta$-d-thiogalaktosid, einen kompetitiven Hemmstoff der adaptativen $\beta$-Galaktosidase, der zwar starke Affinität zur Enzymoberfläche besitzt, aber im Gegensatz zur Galaktose sowohl die adaptative Synthese des Ferments in der Hefe wie deren Wachstum, soweit es auf Kosten von $\beta$-Galaktosiden erfolgt, hemmt[50]. Damit mündet das Problem der Konkurrenz von Substrat und Inhibitor um den aktiven Bezirk der Enzymoberfläche ein in fundamentale allgemeinbiologische Fragestellungen, zu deren Lösung die praktische Anwendung des Wirkstoff-Hemmstoff-Antagonismus wertvolle Beiträge liefern kann.

## Literatur.

[1] MICHAELIS, L. u. M. L. MENTEN: Biochem. Z. **49**, 333 (1913).
[2] KLOTZ, I. M., F. M. WALKER and R. B. PIVAN: J. Amer. Chem. Soc. **68**, 1486 (1946).

Klotz, I. M., H. Triwush and F. M. Walker: J. Amer. Chem. Soc. **70,** 2935 (1948).

[3] Briggs, G. E. and J. B. S. Haldane: Biochemic. J. **19,** 338 (1925).

[4] Chance, B.: J. of Biol. Chem. **151,** 553 (1943).

[5] Shaw, E. and D. W. Woolley: J. of Biol. Chem. **194,** 641 (1952).

[6] Levine, M. and H. Tarver: J. of Biol. Chem. **192,** 835 (1951).

[7] Lineweaver, H., and D. Burk: J. Amer. Chem. Soc. **56,** 658 (1934).

[8] Loewus, M. W., and D. R. Briggs: J. of Biol. Chem. **199,** 857 (1952).

[9] Woolley, D. W.: J. of Biol. Chem. **185,** 293 (1950).

[10] Augustinsson, K. B.: Arch. of Biochem. **23,** 111 (1949); Science (Lancaster, Pa.) **110,** 49 (1949).

[11] Laidler, K. J., and J. P. Hoare: J. Amer. Chem. Soc. **71,** 2699 (1949).

[12] Winzler, R. J.: J. Cellul Physiol. **21,** 229 (1943).

[13] Elkins-Kaufman, H., and H. Neurath: J. of Biol. Chem. **178,** 645 (1949).

[14] Schwert, G. W., and M. A. Eisenberg: J. of Biol. Chem. **179,** 665 (1949).

[15] Karush, F., and M. Sonnenberg: J. Amer. Chem. Soc. **71,** 1369 (1949).

[16] Lotspeich, W. D., R. A. Peters and T. A. Wilson: Biochemic. J. **51,** 20 (1952).

[17] Levine, M., and H. Tarver: J. of Biol. Chem. **192,** 835 (1951).

[18] Kearney, E. B.: J. of Biol. Chem. **194,** 747 (1952).

[19] Woolley, D. W.: J. of Biol. Chem. **191,** 43 (1951).

[20] Williams, W. J.: J. of Biol. Chem. **195,** 629 (1952).

[21] Alivisatos, S. G., and O. F. Denstedt: J. of Biol. Chem. **199,** 493 (1952).

[22] Nichol, and A. D. Welch: Proc. Soc. Exper. Biol. a. Med. **74,** 52, 398 (1950).

[23] Martin, G. J.: Biological Antagonism. New York 1951.

[24] Chance, B.: Adv. Enzymol. **12,** 153, 169 (1951).

[25] Bergman, M., J. S. Fruton, F. Schneider and H. Schleich: J. of Biol. Chem. **109,** 325 (1935).

[26] Kaufman, S., H. Neurath and G. W. Schwert: Arch. of Biochem. **17,** 203 (1948).

[27] Neurath, H., and G. W. Schwert: Chem. Rev. **20,** 69 (1950).

[28] Stepp, W., J. Kühnau u. H. Schroeder: Die Vitamine. Bd. I, 458ff. Stuttgart 1952.

[29] Wright, L. D., and Skeggs: Amer. J. Med. Sci. **212,** 312 (1946).

[30] Daniel, L. J. u. Mitarb.: J. of Biol. Chem. **169,** 689 (1947); **173,** 123 (1948.)

[31] Elion, G. B., and G. H. Hitchings: J. of Biol. Chem. **188,** 611 (1951.)

[32] Kaufman, S., and H. Neurath: J. of Biol. Chem. **181,** 623 (1949).

[33] Kaufman, S., and H. Neurath: Arch. of Biochem. **21,** 245, 437 (1949); Snocke, J. E., and H. Neurath: Arch. of Biochem. **21,** 351 (1949).

[34] Nachmansohn, D., M. A. Rothenberg and F. A. Feld: J. of Biol. Chem. **174,** 247 (1948); Augustinsson, K. B., and D. Nachmansohn: J. of Biol. Chem. **179,** 543 (1949); Wilson, I. B., and F. Bergmann: J. of Biol. Chem. **185,** 479 (1950).

[35] Fruton, J. S.: Currents in Biochemical Research. New York, Interscience 1946, 123.

[36] Haas, E.: J. of Biol. Chem. **155,** 321 (1944); Wright, C. I., and J. C. Sabine: J. of Biol. Chem. **155,** 315 (1944).

[37] KÜHNAU, J.: Verh. dtsch. Ges. inn. Med. **58**, 30 (1952).
[38] DAVIS, B. D., and W. K. MAAS: Proc. Nat. Acad. Sci. USA **38**, 775 (1952); MAAS, W. K., and B. D. DAVIS: Proc. Nat. Acad. Sci. USA **38**, 785 (1952).
[39] LAW, L. W., and P. J. BOYLE: Proc. Soc. Exper. Biol. Med. **77**, 340 (1951).
[40] ZALOKAR, M.: J. of Bacter. **60**, 191 (1950).
[41] TAKEMORI, N., and M. KITAOKA: Science (Lancaster, Pa.) **116**, 710 (1952).
[42] TEAS, H. J., N. H. HOROWITZ and M. FLING: J. of Biol. Chem. **172**, 651 (1948).
[43] WINKLER, K. C., and P. G. DE HAAN: Arch. of Biochem. **18**, 97 (1948).
[44] DAVIS, B. D.: Experientia **6**, 41 (1950); J. of Bacter. **64**, 729 (1952).
[45] BONNER, D.: J. of Biol. Chem. **166**, 545 (1946); UMBARGER, H. E., and E. A. ADELBERG: J. of Biol. Chem. **192**, 883 (1951).
[46] DAVIS, B. D.: J. of Bacter. **64**, 749 (1952).
[47] WAGNER, R. P.: Proc. Nat. Acad. Sci. USA **35**, 185 (1949).
[48] DOLBY, D. E., D. A. HALL and F. G. HAPPOLD: Brit. J. Exper. Path. **33**, 304 (1952).
[49] HALVORSON, H. O., and S. SPIEGELMAN: J. of Bacter. **64**, 207 (1952).
[50] MONOD, J.: Microbial growth and inhibition, p. 59, Genève 1952.

# Diskussion.

MARTIUS (Würzburg): Sie erwähnten die Pantothensäure-Antagonisten, die nur im mikrobiologischen Versuch, nicht aber beim Säugetier wirksam sind, und führten das darauf zurück, daß der Eiweißanteil des Enzyms, dessen Coenzym aus Pantothensäure aufgebaut wird, in beiden Fällen verschieden ist. Uns schien das unwahrscheinlich. Wir haben einen dieser Pantothensäure-Antagonisten im Versuch mit isolierten Leber-Mitochondrien auf Anti-Coenzym-A-Wirksamkeit getestet, und es ergab sich, daß in diesem Falle der Hemmstoff genau so wirksam war wie gegenüber Hefe und Bakterien. Wir nehmen an, daß in vivo beim Säugetier die Wirksamkeit derartiger Pantothensäure-Antagonisten durch Bindung an überschüssiges Organeiweiß maskiert wird.

Sie sagten weiter, daß das Atebrin als Antagonist des Lactoflavins wirkt und das Flavin vom Eiweiß abdrängt. Nun wird das Lactoflavin aber durch die Phosphorsäure an das Enzymprotein gebunden, und das ist ja beim Atebrin nicht möglich. Ist es nicht viel wahrscheinlicher anzunehmen, daß das Atebrin mit anderen Coenzymen der Atmungskette reagiert und deren Funktion lahmlegt? Das Atebrin enthält ja mehrere Gruppierungen, die für eine solche Reaktion in Frage kämen.

KÜHNAU: Daß zur Ausübung des Antilactoflavin-Effektes die Phosphoylierbarkeit des betreffenden Strukturanalogen nicht erforderlich ist, zeigen Versuche von KEARNEY, die ergaben, daß die stark wirksamen Lactoflavin-Inhibitoren Lumiflavin, Isoriboflavin und Galaktoflavin im Organismus nicht phosphoryliert werden. Es ist natürlich nicht ausgeschlossen, daß Atebrin auch andere enzymatische Prozesse nichtkompetitiv

hemmt, aber damit würde die chemotherapeutische Selektivität der Atebrinwirkung nicht erklärt werden. Daß der Atebrineffekt auf einem Antagonismus gegenüber Lactoflavin beruht, ist durch die Untersuchungen von
Haas, Wright-Sabine, Hellerman-Lindsay-Bovarnick und anderen weitgehend sichergestellt.

Hoffmann-Ostenhof (Wien): Bei Besprechung der Struktur der
aktiven Gruppe ist mir die Behauptung aufgefallen, daß Fermente, die die
gleichen Substrate angreifen, auch die gleiche aktive Gruppe haben sollen.
Ich halte dies in einer so generellen Form für unwahrscheinlich. Es mag für
Proteasen zutreffen, aber nicht für Enzyme, die so einfache Stoffe wie
Methanol oder Acetaldehyd oxydieren. Sie haben wohl nur aktive Zentren,
die so gebaut sind, daß diese einfach gebauten Moleküle zufällig hinein-
passen. Auch die Deutung der Ureasewirkung, wie sie in der von Ihnen her-
angezogenen Arbeit von Laidler und Hoare gegeben wird, scheint mir
nicht annehmbar. Die Ureasehemmung durch hohe Harnstoffdosen scheint
einfach ein reversibler Denaturierungseffekt zu sein.

Kühnau: Es ist sicher, daß die verschiedenen aldehyd-umsetzenden
Fermente verschiedene Oberflächenentfaltung haben. Aber ein Teil des
aktiven Zentrums scheint mir doch bei den drei genannten Enzymen so
ähnlich zu sein, daß die Oxydation des Acetaldehyds durch Fixierung an
eben diesem Teil erklärt werden kann. Wie das Beispiel der Cholinesterase
zeigt, hat die aktive Oberfläche meist eine so erhebliche Unterstrukturierung,
daß es genügen würde, wenn eine ihrer Strukturkomponenten für den Acetaldehyd reserviert wäre. Der einfache Bau des Substratmoleküls stellt kein
Gegenargument dar; dies geht aus der von Chance aufgezeigten Kompli-
ziertheit und Spezifität der Bindung des $H_2O_2$, das doch gewiß eine einfach
gebaute Substanz ist, an die aktive Gruppe der Peroxydase und Katalase
hervor. — Die Deutung, die Herr Hoffmann-Ostenhof für die Hemmwirkung des Harnstoffs auf die Urease gibt, scheint mir durchaus diskutabel.
Aber wenn die denaturierende Wirkung des Harnstoffs ins Feld geführt
wird, so ist dies ja nichts anderes als die Anerkennung der Bindung des
Harnstoffs an die inaktiven Bezirke der Urease, an denen ursprünglich das
Wasser fixiert war.

Hoffmann-Ostenhof: Es sind aber auch Vorstellungen über die Harn-
stoffdenaturierung entwickelt worden, die nicht eine Bindung des Harnstoffs an das Eiweißmolekül, sondern mehr eine Brückenbildung in sich
schließen.

Kühnau: Eine Brückenbildung wäre aber doch auch eine Bindung!
Auf jeden Fall scheint mir die Auffassung von Laidler und Hoare, die
ich vorgetragen habe, nicht widerlegt zu sein.

Hoffmann-Ostenhof: Es scheint mir, daß bei dieser Diskussion eine
Frage mehr oder minder vernachlässigt wird, nämlich die Frage, wodurch
die aktive Gruppe wirkt. Bei den Versuchen von Neurath und Schwert
zeigte es sich, daß nur ein Teil der aktiven Gruppe für die Wirkung verantwortlich ist, und zwar ein unspezifischer, denn sie kann sowohl Ester wie

Amide oder Peptide spalten. Dagegen haben die anderen Gruppierungen, die für die Bindung verantwortlich sind, spezifische Struktur.

NETTER (Kiel): Der Harnstoff muß besonders wirksam mit dem Wasser um die Fermentoberfläche konkurrieren, weil Wasser eine höhere Dielektrizitätskonstante hat.

WALLENFELS (Tutzing): Atebrin gehört wie die Dinitrophenole zu den Stoffen, die die Phosphorylierung entkoppeln können. Die strukturelle Ähnlichkeit zwischen Atebrin und der Wirkgruppe der Flavinfermente legt die Annahme nahe, daß die Atebrinwirkung durch einen Einbau des Atebrins in die Atmungskette hervorgerufen wird, ähnlich wie die entkoppelnde Wirkung des Thyroxins nach MARTIUS durch den Einbau des Thyroxins in die Atmungskette erklärt werden kann.

BÜCHER (Hamburg): Ich möchte Herrn HOFFMANN-OSTENHOF fragen, ob ihm wirklich ein Fall reversibler Denaturierung eines Proteins durch Harnstoff bekannt ist.

HOFFMANN-OSTENHOF: Ich kann im Augenblick nur sagen, daß Eieralbumin durch relativ geringe Harnstoffkonzentrationen reversibel denaturiert wird. Überschreitet man diese Konzentrationen, so wird die Denaturierung irreversibel.

BÜCHER: Für eine fruchtbare Diskussion dieses Themas wäre es notwendig, sich zunächst über die Definition des Begriffs der reversiblen Denaturierung zu einigen.

HARDEGG: Ähnliche Erscheinungen wie bei der Ureasehemmung durch Harnstoff laufen auch an der Cholinesterase ab. Sie beruhen darauf, daß das Substrat Acetylcholin zu Nebengruppen des Ferments, die nicht katalytisch wirksam sind, eine besondere Affinität hat. Wir haben verschiedene Substrate durchgetestet und gesehen, daß die Hemmung, die durch die Anlagerung des Substrats an diese Nebengruppen hervorgerufen wird, zunächst reversibel und vom Substrat in ihrer Stärke abhängig ist. Bei Substraten wie Benzoylcholin, das eine sehr starke Hemmwirkung auf die Cholinesterase ausübt, kann Cholin, von dem man annehmen sollte, daß es die enzymatische Reaktion hemmt, unter Umständen aktivierend wirken. Ich glaube, daß es sich hier nicht um Denaturierungen, sondern um mehr oder minder spezifische Reaktionen handelt.

WERLE (München): Ich möchte auf einen Fall hinweisen, bei dem ein Substrat auf ein und dasselbe Enzym einmal hemmend und einmal nicht hemmend wirken kann. Es handelt sich um die Histidindecarboxylase. Das d-Histidin hemmt die Decarboxylase der tierischen Gewebe, sodaß kein Histamin gebildet wird. Das entsprechende Ferment der Bakterien wird durch d-Histidin nicht gehemmt, ohne daß hier Racemase eine Rolle spielt. Ein wesentlicher Unterschied dabei ist der, daß das tierische Ferment bei etwa $p_H$ 8 optimal wirksam ist, das Bakterienenzym dagegen bei $p_H$ 4. Es handelt sich also darum, daß d-Histidin sich in beiden Fällen in verschiedenem Dissoziationszustand befindet und sich daraus die Differenz der

Hemmwirkungen erklärt. Man muß daraus schließen, daß diese beiden Fermente doch verschiedene Oberflächenbezirke haben müssen, da die Bedingungen der Anlagerung des Inhibitors in beiden Fällen verschieden sind, daß aber die aktiven Areale identisch oder ähnlich sind, weil in beiden Fällen der Inhibitor nur im gleichen Dissoziationszustand zur Wirkung gelangt.

HEINKEL (Würzburg): Ich möchte Herrn Kühnau fragen, ob es bewiesen ist, daß Äthionin die aktive Gruppe des zugeordneten Enzyms besetzt und ob es in das Enzym selbst eingebaut wird. Daß es in Zelleiweiß eingebaut wird, haben wir selbst nachgewiesen, ebenso die Verminderung der Enzymproduktion durch Äthionin, doch kann dies ein vollkommen unspezifischer Effekt sein.

KÜHNAU: Mir ist nichts darüber bekannt, wie Äthionin die Enzymoberfläche beeinflußt. Äthionin gehört wie Aza-adenin zu den Inhibitoren, die von ihrem Ferment schneller umgesetzt werden als das physiologische Substrat. Sein bevorzugter Einbau in das Proteinmolekül erzeugt pathologische Proteine, vielleicht auch enzymähnliche Proteine, die ihren physiologischen Aufgaben nicht gewachsen sind.

HEINKEL: Dann würde sich das Äthionin auch sehr gut zu einer Aussage über die Neubildung von Enzymen eignen. Wir finden im Rattenpankreas bei der Äthioninvergiftung eine rapide Abnahme der Diastase. Die Lipase wird dagegen nur ganz langsam verändert. Die beiden Enzyme verhalten sich also verschieden. Vielleicht könnte man von hier aus über die Neubildung spezifischer Enzymproteine weitere Aufschlüsse erhalten.

LANG (Mainz): Diese Beobachtungen stehen im Einklang mit dem verschiedenen Methioningehalt der einzelnen Enzymproteine.

DECKER (München): Herr Kühnau berichtete, daß Amino-oxy-pteridin einerseits und Aminobenzoylglutaminsäure andrerseits, zugleich angewandt, eine starke Antimetabolitenwirkung entfalten, was mit der Annahme interpretiert wurde, daß die beiden Stoffe, ohne sich miteinander zu verbinden, an korrespondierende Stellen der Enzymoberfläche gebunden werden. Ist es nicht einfacher anzunehmen, daß die Zelle aus diesen Komponenten einfach das ganze Aminopterinmolekül aufbaut?

KÜHNAU: Diese Möglichkeit ist sicher nicht ausgeschlossen, jedoch unwahrscheinlich, weil gerade die Gruppe des Pteridins, die zur Bindung der Aminobenzoylglutaminsäure notwendig wäre, durch p-Chlorphenyl oder andere Reste blockiert sein kann, ohne daß sich am Effekt etwas ändert.

# Aktivierung und chemische Spezifität
# der Verdauungsendopeptidasen.

Von

**P. Desnuelle** und **M. Rovery**.

Faculté des Sciences, Marseille (France).

## I. Einleitung.

Die drei Verdauungsendopeptidasen sind im Organismus bekanntlich nicht in unmittelbar aktiver Form vorhanden. Die Darmschleimhaut und das Pankreas bilden bestimmte Proteine, die man als „Vorstufen" bezeichnet. Diese Proteine sind nicht aktiv, haben aber die merkwürdige Eigenschaft, sich leicht in andere Proteine mit proteolytischen Eigenschaften umzuwandeln. Das Studium dieses Aktivierungsprozesses ist von außerordentlichem Interesse, weil wir daraus lernen, wie aus einem Protein ein Enzym wird, das andere Proteine abzubauen vermag. Der erste Teil dieses Vortrags ist diesem Thema gewidmet. Man weiß andererseits, daß die Endopeptidasen die Proteine nicht vollkommen abbauen. Wenn gewisse Bindungen gespalten sind, hört die Hydrolyse auf oder wird mindestens deutlich langsamer. Offenbar treffen die Enzyme eine Auswahl. Hängt diese Auswahl vom Zufall ab oder von definierten Faktoren? Spielt unter diesen Faktoren die chemische Natur der Reste, die die Bindung flankieren, eine Rolle? Mit anderen Worten: zeigen die Endopeptidasen eine gewisse chemische Spezifität im Verlauf ihrer Wirkung auf Proteine? Diese Frage interessiert den Chemiker in gleicher Weise wie den Enzymologen. Sie wird im zweiten Teil des Vortrages diskutiert werden.

## II. Aktivierung.

### 1. Allgemeiner Charakter des Aktivierungsprozesses.

Im Jahre 1882, 46 Jahre nach der Entdeckung des Pepsins, beobachtete Langley[1], daß die Magenschleimhaut nicht das Pepsin selbst enthält, sondern eine Substanz, die sich später in

Pepsin umwandelt. 64 Jahre später, im Jahre 1936, wurde diese Substanz, Pepsinogen genannt, von Herriott und Northrop[2,3] kristallisiert erhalten. Wenn das $p_H$ einer Pepsinogenlösung unter 6,0 erniedrigt wird, erscheint eine proteolytische Wirksamkeit $(A)$ als Funktion der Zeit $(t)$. Das Phänomen ist anscheinend autokatalytisch[4], denn es folgt — wenigstens in erster Annäherung — der Gleichung:

$$\frac{dA}{dt} = KA\,(A_e - A) \qquad (A_e = \text{Endwirksamkeit})$$

Gleichzeitig tritt ein dialysierbarer Hemmstoff auf, der von Herriott[5] kristallisiert wurde. Sein Molekulargewicht ist etwa 5000 und er bindet sich reversibel an das Pepsin und folgt dabei dem Massenwirkungsgesetz. Das Aktivierungsphänomen läßt sich ganz allgemein wie folgt ausdrücken:

Schema 1.

*Aktivierung von Pepsinogen.*

Pepsin

Pepsinogen ———⟶ Komplex Pepsin-Hemmstoff

Säure    $p_H < 5,4$  ↓↑  $p_H > 5,4$

Pepsin + Hemmstoff

Die moderne Entwicklung der proteolytischen Pankreasenzyme begann 1931, als Northrop und Kunitz[6] das Trypsin kristallisiert erhalten hatten. Man wußte allerdings schon vorher, daß der Pankreassaft im Augenblick, wo er die Drüse verläßt, inaktiv ist und erst im Darm durch die Enterokinase aktiviert wird[7]. Aber es standen sich noch zwei Theorien gegenüber. Nach der einen sollte bei der Aktivierung die Struktur eines der vom Pankreas ausgeschiedenen Proteine verändert werden. Nach der anderen sollte ein stöchiometrischer Komplex zwischen Protein und Aktivator (Trypsin-Kinase[8]) gebildet werden. Als aber Kunitz und Northrop das inaktive Protein Trypsinogen kristallisiert erhalten hatten, und dieses Protein nicht nur durch Enterokinase aktiviert wurde, sondern auch in einem autokatalytischen Prozeß durch Trypsin selbst[9], entschied sich die Diskussion mehr für die zweite Theorie.

Pepsinogen und Trysinogen sind instabile Proteine, da sie jeden Augenblick Gefahr laufen, sich spontan zu aktivieren, was ihre Reindarstellung sehr erschwert. Das Chymotrypsin dagegen ist stabil, kann mehrmals umkristallisiert[10] und verhältnismäßig leicht chemisch untersucht werden. Doch scheint der Mechanismus seiner Aktivierung komplexer zu sein als bei den anderen; denn nur beim Trypsin und nicht beim Chymotrypsin tritt die enzymatische Fähigkeit gemäß einer Reaktion erster Ordnung spontan auf. KUNITZ und NORTHROP[10] haben das Chymotrypsinogen langsam durch eine sehr kleine Menge Trypsin bei 0° aktiviert und ein kristallisiertes Enzym isoliert, das sie α-Chymotrypsin nannten. Dieses Protein wandelt sich später in andere in gleicher Weise aktive Proteine um, die mit den Buchstaben β- und γ- bezeichnet werden. Man glaubt im allgemeinen, daß die beiden letzten Chymotrypsine aus dem α-Chymotrypsin durch einen autolytischen Prozeß gebildet werden. Wenn das richtig ist, müßte die Struktur des α-Chymotrypsins verschiedene Veränderungen erfahren können, ohne daß seine enzymatische Wirksamkeit berührt würde. Einige Jahre nach der Veröffentlichung der Arbeiten von KUNITZ und NORTHROP versuchte JACOBSEN[11], das Chymotrypsinogen durch eine größere Menge Trypsin zu aktivieren und stellte fest, daß die spezifische Aktivität des Gemisches schnell zunahm, durch ein Maximum ging, und daß dieses Maximun sehr deutlich höher war als die spezifische Aktivität des kristallisierten α-Chymotrypsins. Wenn das Chymotrypsinogen schnell aktiviert wird, dann bildet sich daraus mindestens ein Enzym, das sich vom klassischen α-Chymotrypsin unterscheidet und aktiver als dieses ist. JACOBSEN hat die Kinetik der Aktivierung untersucht und seine experimentell erhaltenen Kurven mit solchen verglichen, die aus verschiedenen Hypothesen abgeleitet waren. Dabei ergab sich, daß zwei verschiedene Enzyme nacheinander gebildet werden, die sich vom α-Chymotrypsin unterscheiden. Das erste, π-Chymotrypsin genannt, ist sehr instabil. Seine Aktivität sei 2—2,5 mal so stark wie die des α-Chymotrypsins. Es sei zwei kompetitiven Abbauprozessen unterworfen: der eine, durch Trypsin hervorgerufen, soll die Bildung von δ-Chymotrypsin bewirken, das noch die anderthalbfache Aktivität des α-Chymotrypsins hat; der andere, spontan oder autokatalytisch, soll zur Bildung des klassischen α-Chymotrypsins führen. Unter den Bedingungen der langsamen Aktivierung von NORTHROP und KUNITZ (Schema 2) solle die letztere Art der Umwandlung vorherrschen.

Schema 2.

*Verschiedene Möglichkeiten der Aktivierung des Chymotrypsinogens.*

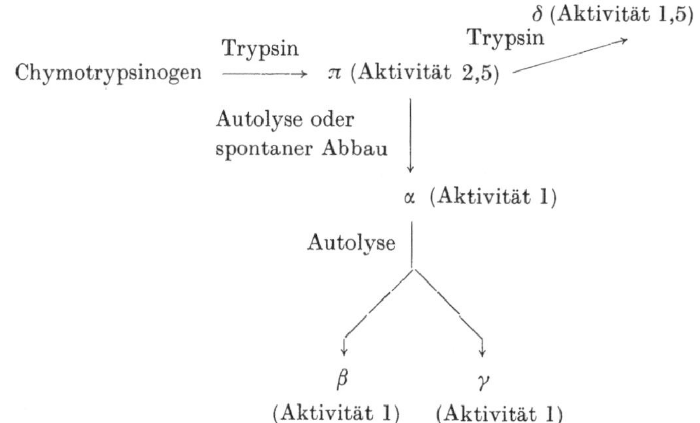


$\pi$- und $\delta$-Chymotrypsin sind bisher nicht kristallisiert, ja nicht einmal gereinigt worden. Das einzige Argument, das bis jetzt für ihre Entstehung spricht, ist die kinetische Untersuchung der Aktivierung unter den Bedingungen von Jacobsen. Ein eingehenderes Studium dürfte nicht ohne Interesse sein, weil das Chymotrypsinogen im Darm auf eine beträchtliche Menge Trypsin trifft und aller Wahrscheinlichkeit nach sehr schnell aktiviert wird. Wenn die Vorstellungen von Jacobsen richtig sein sollten, so wäre das $\alpha$-Chymotrypsin nur eine Art von Kunstprodukt und hätte keine große physiologische Bedeutung, bliebe aber interessant als kristallisiertes Enzym.

## 2. Ist der Aktivierungsprozeß ein proteolytischer Prozeß?

Die besprochenen Vorstellungen bilden die Grundlage für die Theorie der „Aktivierung durch Demaskierung". Danach würde die Struktur der Vorstufen so verändert, daß ein aktives Zentrum entweder demaskiert oder aus den einzelnen Stücken gebildet würde.

Man hat nun zu ergründen versucht, was wirklich geschieht. Zwei Tatsachen stehen bereits fest: Für die Aktivierung muß eine Endopeptidase zugegen, und das $p_H$ muß auf ihr Wirkungsoptimum eingestellt sein. In zwei von drei Fällen ist die Aktivierung ein autokatalytischer Prozeß. Die Endopeptidasen sind also der maßgebende Faktor für die Aktivierung, und wenn dies richtig ist, muß die Aktivierung die Folge einer begrenzten Proteolyse sein. Wenn auch Trypsin und Chymotrypsin verschiedene Ester zu hydrolysieren vermögen, so ist doch die Haupteigenschaft der Endopeptidasen ihre Fähigkeit, Peptidbindungen zu spalten. Andererseits sind ihre Vorstufen klassische Proteine und enthalten als solche hauptsächlich, wenn nicht ausschließlich, Peptidbindungen. Wir wollen nun sehen, wie man diese Überlegungen experimentell beweisen kann.

Wenn eine wesentliche Fraktion des Moleküls der Vorstufe während der Aktivierung abgespalten würde, müßte das Molekulargewicht des Enzyms kleiner sein als das der Vorstufe. Unglücklicherweise sind die Molekulargewichte meist nur so ungenau bekannt, daß man aus ihrem Vergleich keine Schlüsse ziehen kann. Am eindrucksvollsten demonstriert diese Unsicherheit das System Chymotrypsinogen → Chymotrypsin. Nach dem osmotischen Druck[12] besitzt das Chymotrypsinogen zunächst ein deutlich niedrigeres Molekulargewicht als das α-Chymotrypsin (32000 bis 36000 bzw. 41000). Spätere präzisere Messungen der Sedimentationskonstanten, der Diffusion, des partiellen spezifischen Volumens, der Viskosität[12,13] und der Lichtstreuung[14] ergaben für das Chymotrypsinogen ein noch geringeres Molekulargewicht von 23000—25000. Die einander widersprechenden Resultate klärten sich auf, als sich herausstellte, daß das α-Chymotrypsin sich in wäßriger Lösung reversibel dimerisiert[12]. Das Molekulargewicht des Enzyms ist um so höher, je stärker seine molare Konzentration ist. Extrapoliert man nun auf eine Konzentration 0, so beträgt das Molekulargewicht des monomeren α-Chymotrypsins 22000[13,15,16]. Außerdem kann man aus der stöchiometrischen Verbindung des α-Chymotrypsins mit einem spezifischen Hemmstoff, dem Diisopropylfluorphosphat, schließen, daß das minimale Molekulargewicht dieses Proteins 27000 beträgt[17]. Man glaubt heute, daß im Bereich der Fehlergrenzen Chymotrypsinogen und α-Chymotrypsin das gleiche Molekulargewicht von 25000 besitzen[18].

Für Pepsinogen und Pepsin sind augenblicklich nur alte Werte von KUNITZ verfügbar (42000 ± 3000 bzw. 38000 ∓ 3000), Werte, die wahrscheinlich in Zukunft modifiziert werden. Für das System Trypsinogen → Trypsin ist schließlich jeder Vergleich

unmöglich, da das Molekulargewicht des Trypsinogens noch nicht
bekannt ist.

Andererseits müßten neue $\alpha$-$NH_2$- und $\alpha$-COOH-Gruppen
auftreten, wenn jene strukturelle Veränderung wirklich proteolytischer Natur ist, und wenn kurze Peptide entstehen sollten,
müßte sich „Nicht-Protein-Stickstoff" bilden. Jedenfalls steht
man hier vor einer großen Schwierigkeit. Wir wollen uns einen
Augenblick vorstellen, daß die Aktivierung nicht proteolytisch
wäre, sondern nur proteolytische Prozesse gleichzeitig ablaufen
würden. Man würde also alle Zeichen einer Proteolyse beobachten,
aber diese hätte mit der Aktivierung selbst nichts zu tun. Der
Einwand wiegt um so schwerer, als man z. B. von der Bildung
„inerter" Proteine her weiß, daß der Aktivierungsprozeß sehr
komplex ist und sicherlich nicht nur in der reinen und einfachen
Umwandlung der Vorstufe in das Enzym besteht. Eine befrie-
digende analytische Technik besteht darin, die sauren und basischen Gruppen der Vorstufe mit denen des kristallisierten Enzyms
zu vergleichen. Man muß dabei aber die Ungenauigkeit der
Meßmethoden in Rechnung ziehen. Butler[19] hat mit der Formol-
titration 3—4 zusätzliche $NH_3^+$-Gruppen im $\alpha$-Chymotrypsin
(25 000 g) gefunden, was einer Spaltung von 3—4 Peptidbindungen
während der Umwandlung entspräche. Andererseits hat Jacobsen[11] auf Grund mehrerer Titrationen versichert, daß bei der
Umwandlung des Chymotrypsinogens (25 000 g) in $\pi$-, $\delta$- und
$\alpha$-Chymotrypsin 0,7, 1,4 beziehungsweise 3 Bindungen gespalten
werden.

Diese kurze Diskussion zeigt, daß mit den erwähnten Methoden
das Problem nicht endgültig zu lösen ist. Eine Vermutung zugunsten der proteolytischen Natur der Aktivierung ist wohl
begründet, aber experimentell noch nicht präzis bewiesen. Unter
diesen Umständen muß man sich fragen, ob nicht die modernen
Methoden der Proteinchemie, besonders die Methode der End-
gruppenbestimmung, so empfindlich sind, daß sie befriedigendere
Ergebnisse liefert.

*3. Untersuchung der Endgruppen der Vorstufen und der Enzyme.*

Die Amino- und Carboxyl-Endgruppen der Proteine können
heute mit einer Reihe interessanter Methoden untersucht werden.
Um die Amino-Endgruppen zu bestimmen, kondensiert man das

Protein mit Fluordinitrobenzol (FDNB) oder mit Phenylisothiocyanat. Im ersten Fall wird das Dinitrophenyl-(DNP)-protein hydrolysiert und eine oder mehrere DNP-Aminosäuren, die Amino-Endgruppen, chromatographisch identifiziert[20]. Im zweiten Fall wird das Kondensationsprodukt aus Protein und Phenylisothiocyanat (PTC-Protein) mit einer Säure behandelt, was eine Cyclisierung der Thiohydantoine der Reste des Amino-Endes bewirkt[21, 22].

Schema 3.

*Untersuchung der Amino-Endgruppen* (Methode von SANGER).

Bicarbonat
Protein + FDNB ————————→ DNP-Protein

saure
DNP-Protein ——————→ DPN-Aminosäuren des Amino-Endes
Hydrolyse     und andere Aminosäuren

*Untersuchung der Amino-Endgruppen*

(Methode von EDMAN-FRAENKEL-CONRAT).

pH = 9
Protein + Isothiocyanat ————————→ PTC-Protein
PTC-Protein ———— › Thiohydantoine der Aminosäuren des Amino-Endes
Säure

Die Untersuchung der Reste der Carboxyl-Enden ist etwas schwieriger. Man verwendet im allgemeinen die Carboxypeptidase, die den Aminosäurerest am Carboxyl-Ende selektiv abspaltet. Die beiden Methoden der Amino-Endgruppen-Bestimmung wurden in meinem Laboratorium auf Chymotrypsinogen und die Chymotrypsine α, β und γ sowie auf Trypsinogen und Trypsin angewandt[23-26]. Die Resultate, wie sie in den Tab. 1 u. 2 zusammengefaßt sind, stimmen vollkommen überein. Die Methode von SANGER wurde in gleicher Weise von WILLIAMSON und PASSMANN[27] auf Pepsin angewandt. Schließlich haben NEURATH und Mitarbeiter[28, 29] die Carboxyl-Endgruppen des Chymotrypsinogens, des α-Chymotrypsins, des Trypsinogens und des Trypsins untersucht.

Die in diesen Tabellen zusammengefaßten Resultate geben zum ersten Mal einen präzisen experimentellen Beweis für die proteolytische Natur des Aktivierungsprozesses und führen zu folgenden Überlegungen.

*a) Chymotrypsinogen und Chymotrypsine.*

Chymotrypsinogen scheint weder Amino- noch Carboxyl-Endgruppen zu haben. Bis man genaueres darüber weiß, kann man annehmen, daß es aus einer oder mehreren cyclischen Ketten besteht. Im Gegensatz dazu enthält das α-Chymotrypsin sicher zwei offene Peptidketten, denn es enthält zwei Amino-Endgruppen und zwei Carboxyl-Endgruppen. Die Umwandlung von Chymotrypsinogen in α-Chymotrypsin* schließt also die Spaltung von mindestens zwei Peptidbindungen ein, und man kann sie folgendermaßen schematisch darstellen:

Schema 4.

*Umwandlung von Chymotrypsinogen in α-Chymotrypsin.*

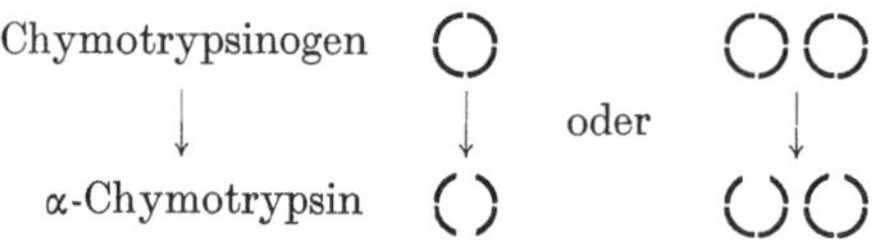


Dieses Schema sagt nichts darüber aus, ob während der Umwandlung ein oder mehrere Peptide abgespalten werden.

Tabelle 1. *Endgruppen des Chymotrypsinogens und des α-Chymotrypsins.*

| | Chymotrypsinogen | | α-Chymotrypsin | |
|---|---|---|---|---|
| | Natur | pro Mol | Natur | pro Mol |
| Amino-Endgruppen (Sanger und Edman) | — | — | Alanin | 1 |
| | | | Isoleucin | 1 |
| Carboxyl-Endgruppen (Carboxypeptidase) | — | — | Tyrosin | 1 |
| | | | Leucin | 1 |

Tabelle 2. *Endgruppen des Trypsinogens und des Trypsins.*

| | Trypsinogen | | Trypsin | |
|---|---|---|---|---|
| | Natur | pro Mol | Natur | pro Mol |
| Amino-Endgruppen (Sanger und Edman) | Valin | 1 | Isoleucin | 1 |
| Carboxyl-Endgruppen (Carboxypeptidase) | — | — | — | — |

Gladner und Neurath[28] haben die Isolierung eines dieser Peptide angekündigt. Seine, sowie die neuerdings in unserem Laboratorium durchgeführten Untersuchungen über die End-

---

* Das Enzym wurde in Gegenwart von Dinitropropylfluorphosphat kristallisiert. Diese Operation erlaubt in diesem Fall wie auch beim Trypsin, nicht stöchiometrische Aminoreste zu entfernen.

gruppen des $\pi$- und $\delta$-Chymotrypsins werden wahrscheinlich diesen Punkt klären.

Erinnern wir uns bei dieser Gelegenheit, daß die drei kristallisierten Chymotrypsine von KUNITZ ($\alpha$, $\beta$ und $\gamma$) die gleichen Amino-Endgruppen[25] haben. Die Autolyse, die nach der klassischen Theorie $\alpha$-Chymotrypsin in $\beta$- und $\gamma$-Chymotrypsin umwandeln soll, scheint die Amino-Endgruppen der Ketten nicht zu berühren.

*b) Trypsinogen und Trypsin.*

Tab. 2 zeigt, daß die Aktivierung des Trypsinogens sich wesentlich von der des Chymotrypsinogens unterscheidet. Trypsinogen und Trypsin haben beide ein freies Amino-Ende. Aber die Endaminosäure ist in den beiden Proteinen nicht dieselbe: für Trypsinogen ist es Valin, für Trypsin Isoleucin. Bei der Aktivierung werden hier also keine Ketten geöffnet. Die wahrscheinlichste Hypothese ist, daß das Trypsinogen schon eine offene Kette besitzt und daß in dieser Kette eine Isoleucin-Bindung im Augenblick der Aktivierung geöffnet wird; ferner, daß das oder die auf Kosten des Amino-Endes gebildeten Peptide eliminiert werden.

Schema 5.

*Umwandlung von Trypsinogen in Trypsin.*

Isoleucinbindung

| | | |
|---|---|---|
| Trypsinogen | ················↓·················· | Valin-Amino-Endgruppe |
| Trypsin | ···························· | Isoleucin-Amino-Endgruppe <br> + Peptid (e) |

DAVIE und NEURATH[29] haben weder im Trypsinogen noch im Trypsin Carboxyl-Endgruppen gefunden. Diese überraschende Tatsache kann auf zwei Arten erklärt werden: a) Das Carboxyl-Ende ist von einem bisher unbekannten Radikal blockiert, oder es ist mit einer Seitengruppe der Kette verknüpft. b) Die von den angegebenen Autoren angewandte Carboxypeptidase konnte aus irgendeinem Grunde aus den beiden Proteinen die Aminosäure am C-Ende nicht abspalten.

Zum Schluß möchte ich bemerken, daß das Pepsin eine Amino-Endgruppe besitzt[27]. Pepsinogen ist leider noch nicht untersucht worden.

### III. Chemische Spezifität der Endopeptidasen.

Man kann sich schwer vorstellen, daß alle Peptidbindungen eines Proteinmoleküls gleichzeitig gespalten werden. Wahrscheinlich läuft der Abbau gestaffelt ab, und es fragt sich, ob der „Zufall" oder eine bestimmte Ordnung ihn regelt.

Zunächst wäre man versucht, zu glauben, daß alle Peptidbindungen eines Proteins identisch seien, da man sie alle mit dem Symbol —CO—NH— darstellt. In diesem Falle würden sie sich alle gleich verhalten und die Hydrolyse wäre dem „Zufall" überlassen. Sie unterscheiden sich aber in zwei Punkten: einmal durch den Platz der Bindung im Molekül, zum anderen durch die chemische Natur der Reste, die diese Bindung vereinigt. Wir wollen hier nur den letzten Punkt betrachten und die Spezifität, die durch ihn bedingt wird, von nun an als chemische Spezifität bezeichnen.

Die chemische Spezifität der Endopeptidasen ist für das Gebiet der reinen Enzymologie interessant, denn die Spezifität ist — im ganzen genommen — die charakteristischste Eigenschaft der Enzyme. Sie ist aber nicht minder interessant für die Untersuchung der Struktur der Proteine. Diese Untersuchung erfordert, daß man eine beträchtliche Anzahl von Peptiden, die bei der Partialhydrolyse entstehen, identifiziert. Die „zufällige" chemische Hydrolyse, d. h. die nicht spezifische, liefert uns leicht sehr kurze Peptide (Di- und Tripeptide). Aber diese Peptide genügen nicht[30, 31]. Es ist noch notwendig, einige längere Reihen zu untersuchen, die es dann erlauben, die kurzen Peptide in die richtige Ordnung zu bringen. Wenn man sich zu diesem Zweck der nicht spezifischen Hydrolyse bedient, enthält das Hydrolysat derart viele verschiedene Peptide in so kleinen Mengen, daß ihre systematische Fraktionierung unmöglich ist. Man muß sich also an eine spezifische Hydrolyse halten, durch die — indem gewisse Bindungstypen leichter gespalten werden als andere — vornehmlich eine bestimmte Art von Peptiden gebildet wird. Einige Arbeiten waren neuerlich der Spezifität der chemischen Hydrolyse gewidmet. Man weiß z. B., daß die Serin- und Threoninbindungen der Proteine durch starke Säuren sehr schnell gespalten werden[32, 33] und daß, im Gegensatz dazu, im schwach sauren Milieu, zuerst die Asparaginsäurebindungen gespalten werden[34, 35]. Diese Arbeiten bieten aber noch keine Möglichkeit zu präziser Anwendung auf dem Gebiet der Eiweißhydrolyse. Die enzymatische Spezifität dagegen wurde, sowohl hier in Deutschland von Prof. FELIX und seinen Mitarbeitern wie auch von SANGER und TUPPY[31] zur Analyse des Insulins und von ANFINSEN[36] im Falle der Ribonuclease schon angewandt.

Die Rolle, die die chemische Natur der Reste bei der Affinität der Exopeptidasen spielt, ist bekannt. Das Beispiel der Leucin-Aminopeptidase, die die Peptide des Leucins, das am Amino-Ende steht, hydrolysiert, ist dafür besonders eindrucksvoll. Im Bereich der Endopeptidasen sind zwei Fälle zu unterscheiden: der der Peptide (spezifische Substrate) und der der eigentlichen Proteine.

*1. Spezifität der Endopeptidasen gegenüber einfachen Peptiden.*

BERGMANN und seinen Mitarbeitern verdanken wir die Bezeichnung „Endopeptidasen". Er hat gezeigt, daß die Enzyme, die die Proteine hydrolysieren (Proteinasen), auch fähig sind, gewisse kurze Peptide zu hydrolysieren. In Wirklichkeit sind sie Peptidasen, die die inneren Bindungen der Proteine hydrolysieren[37]. BERGMANN war durch die Tatsache überrascht, daß die drei Verdauungsendopeptidasen sich nicht an alle Peptide ohne Unterschied anpassen, sondern nur an gewisse Peptide, die eine bestimmte Struktur besitzen. Auf Grund dieser Beobachtung führte er in die moderne Biochemie der Endopeptidasen die Vorstellung „strukturelle Voraussetzungen" und „spezifische Substrate" ein[37].

Die strukturellen Voraussetzungen für die beiden Endopeptidasen des Pankreas, Trypsin und Chymotrypsin sind neuerdings in einer ausgezeichneten Übersicht[38] behandelt worden, der die folgenden Betrachtungen entnommen sind: Trypsin scheint Amid- (oder Ester-)Bindungen zu spalten, an denen die Carboxylgruppe des Lysins oder des Arginins beteiligt ist (Lysyl- oder Arginylbindungen). Die Hydrolyse ist besonders schnell, wenn die $\alpha$-Aminogruppe des Restes durch ein Acyl-Radikal blockiert und der basische Rest der Seitenkette frei ist. Chymotrypsin dagegen greift die Ester oder die Amide der aromatischen Aminosäuren und die des Methionins an, wenn ihre Aminogruppen acyliert sind.

Schema 6.

*„Strukturelle Bedingungen" für Trypsin und Chymotrypsin.*

Der vertikale punktierte Strich zeigt die durch das Enzym gespaltene Bindung an.

$$\text{RCO} - \text{NHCHCO} \overset{R_1}{\mid} \left\{ \begin{array}{l} \text{NH}_2 \\ \text{OEt} \end{array} \right.$$

Trypsin $\left\{ \begin{array}{l} R_1 = -CH_2CH_2CH_2CH_2NH_2 \ ((Lysin) \\ R_1 = -CH_2CH_2CH_2NHCNH_2 \ (Arginin) \\ \qquad\qquad\qquad\quad \overset{\cdot\cdot}{N}H \end{array} \right.$

Chymotrypsin $\left\{ \begin{array}{l} R_1 = -CH_2C_6H_5 \ (Phenylalanin) \ oder \ -CH_2C_6H_4OH \\ \qquad\qquad\qquad\qquad\qquad\qquad\qquad\qquad (Tyrosin) \\ \qquad oder \ -CH_2 \ Indol \ (Tryptophan) \\ R_1 = -CH_2CH_2SCH_3 \ (Methionin) \end{array} \right.$

Beim Pepsin ist die Sache etwas komplizierter. Auf Grund einer begrenzten Zahl von Versuchen hatte Bergmann gedacht, daß Pepsin nur die Bindungen zwischen einem Dicarbonsäurerest und einem aromatischen Rest spaltet (z. B. die Bindung Glutamyltyrosin). In der Folge hat man aber gefunden, daß das Enzym auch die Peptide von Tyrosin und Cystein hydrolysiert[39], sowie die diaromatischen, am Stickstoff acylierten Peptide[40] und die aromatischen Peptide des Methionins[41]. Danach scheint allen spezifischen Substraten des Pepsins gemeinsam zu sein, daß an der empfindlichen Bindung eine aromatische Aminosäure beteiligt ist.

## 2. Spezifität der Endopeptidasen gegenüber den Proteinen.

So interessant alle diese Befunde sind, muß man sich doch fragen, wieweit man sie auf die soviel komplizierteren Proteine übertragen darf. Immerhin ist es wenig wahrscheinlich, daß die Wirkung der Endopeptidasen dem „Zufall" überlassen ist, da sie nicht die gleichen Bindungen hydrolysieren. Man weiß z. B., daß das Insulin und seine „A"-Ketten von Trypsin nicht gespalten werden, während sie von Pepsin und Chymotrypsin ohne Schwierigkeiten abgebaut werden[42, 43]. Außerdem erscheint das Verhalten der Enzyme gegenüber bestimmten einfachen Proteinen oder gewissen synthetischen Polypeptiden nicht *a priori* unvereinbar mit den Vorstellungen von Bergmann. Trypsin z. B. baut das

Clupein[44] und das Salmin[45], die reich an Arginin sind, weitgehend ab.
Es greift auch die Polylysine und die copolymeren Lysin-Arginine
an[46]. Pepsin und Chymotrypsin vermögen dagegen Salmin und
Clupein nicht zu hydrolysieren. Jedenfalls erfordert das Studium
des Gesamtproblems, daß man die Struktur einer Reihe von
Proteinen vollkommen kennt, diese Proteine durch Endopeptidasen hydrolysiert und die Peptide, die dabei entstehen, identifiziert. Das ist eine ungeheure Aufgabe, die SANGER[31, 43] schon
zweimal für die A- und B-Ketten des oxydierten Insulins durchgeführt hat. Sie sehen hier die Schlüsse aus seinen bedeutsamen
Arbeiten.

Schema 7.

P = Pepsin        T = Trypsin        CT = Chymotrypsin

*A-Ketten des Insulins.*

Gly. Ileu. Val. Glu. Cy. Cy. Ala. Ser. Val. Cy. Ser. Leu. Tyr. Glu. Leu. Glu. Asp.-
Tyr. Cy. Asp.                                     ↓   ↓       ↓   ↓
                                                  P   CT      P   P

*B-Ketten des Insulins.*

Phe. Val. Asp. Glu. His. Leu. Cy. Gly. Ser. His. Leu. Val. Glu. Ala. Leu. Tyr. Leu.-
                                          ↓                           ↓
                                          P                        P und CT

Val. Cy. Gly. Glu. Arg. Gly. Phe. Phe. Tyr. Thr. Pro. Lys. Ala.
         ↓           ↓    ↓    ↘              ↓
         T          P P und CT CT            T

a) Chymotrypsin spaltet in den A-Ketten eine Tyrosyl-
Glutaminbindung und in den B-Ketten eine Tyrosyl-Leucin-,
eine Tyrosyl-Threonin- und eine Phenylalanyl-Tyrosinbindung.
Die Spezifität, die sich für das Chymotrypsin an Hand der einfachen Peptide ergeben hat, zeigt sich hier in klarer Form wieder,
denn in allen Fällen findet man auf der Carboxylseite der gespal-
tenen Bindung einen aromatischen Rest.

b) Trypsin spaltet zwei Bindungen im Innern der B-Ketten:
eine Arginyl-Glycin-Bindung und eine Lysyl-Alanin-Bindung.
Auch in diesem Fall ist die Übereinstimmung noch gut, nachdem
das Enzym vorzugsweise Bindungen angreift, deren Carboxylseite
von einem basischen Rest eingenommen wird.

c) Das Verhalten des Pepsins dagegen scheint komplizierter.
Wenn es auch wahr ist, daß — wie zu erwarten — das Enzym in
den A-Ketten eine Leucyl-Tyrosin-Bindung spaltet und in den

B-Ketten die Phenylalanyl-Phenylalanin- und die Phenylalanyl-Tyrosinbindungen, läßt es doch verschiedene Bindungen des gleichen Typs aus und spaltet andere, die davon vollkommen verschieden sind, wie Leucyl-Glutamin-, Glutamyl-Asparaginsäure-(A-Ketten), Leucyl-Valin- und Tyrosyl-Leucinbindungen (B-Ketten). Wir treffen hier wieder auf die bereits erwähnten Schwierigkeiten, die die exakte Definition der „strukturellen Voraussetzungen" für das Pepsin betreffen.

Wenn die Struktur des Proteins nicht bekannt ist, kann man die spezifische Wirkung der Endopeptidasen mit den Methoden der Endgruppenstimmung prüfen. Erinnern wir uns, daß man sich bemüht hat, mit diesen Methoden intakte Proteine zu untersuchen. Sie können uns ebenso interessante Erkenntnisse über die neuen Endgruppen liefern, die während der Hydrolyse entstehen, und damit auch aufklären, welche Bindungen gespalten worden sind. Wenn es wahr ist, daß das Pepsin vorzugsweise die Tyrosinbindungen spaltet, so muß man in peptischen Verdauungen, die mit FDNB behandelt worden sind, sehr viel DNP-Tyrosin finden. In Wirklichkeit entstehen aber nach der peptischen Verdauung von denaturiertem Ovalbumin alle möglichen DNP-Aminosäuren. Es besteht also keine Spezifität hinsichtlich des Restes, der die Amino-Seite der Bindung flankiert. Im Gegensatz dazu wurde bei der peptischen Hydrolyse des Pferdeglobins eine gute Spezifität beobachtet[47].

Diese Spezifität bezieht sich auf die Phenylalaninbindungen, was gut mit der Theorie von Bergmann übereinstimmt, aber auch auf die Alaninbindungen. Andererseits — und diese Tatsache ist sehr merkwürdig — zeigt sich dieselbe Spezifität, wenn man das Globin mit Chymotrypsin oder Trypsin hydrolysiert[48]. Die Situation ist also noch weit davon entfernt, klar zu sein, und man muß die Resultate anderer Arbeiten abwarten, bevor man weiß, ob die chemische Natur der Reste tatsächlich die Wirkung der Endopeptidasen auf die Proteine entscheidend beeinflußt. Der einzige Schluß, den man bis heute ziehen kann, ist der folgende: Die Endopeptidasen spalten eine genügend kleine Anzahl von Bindungen, und sie spalten gewisse Bindungen in genügend spezifischer Weise, so daß ihr Hydrolysat mit den heutigen Methoden fraktioniert werden kann. Das sind die Hydrolysate, die jene langen Peptide liefern, die für die vollständige Aufklärung der Struktur der Proteinketten notwendig sind.

## Literatur.

1 LANGLEY, J. N.: J. of Physiol. **3**, 246 (1882).

2 HERRIOTT, R. M., et J. H. NORTHROP: Science (Lancaster, Pa.) **83**, 469 (1936).

3 HERRIOTT, R. M.: J. Gen. Physiol. **21**, 501 (1938).

4 HERRIOTT, R. M.: J. Gen. Physiol. **22**, 65 (1938).

5 HERRIOTT, R. M.: J. Gen. Physiol. **24**, 325 (1941).

6 NORTHROP, J. H., et M. KUNITZ: J. Gen. Physiol. **16**, 267, 295 (1932).

7 SCHEPOWALNIKOW, N. P.: Malys Jber. **29**, 378 (1899).

8 WALDSCHMIDT-LEITZ, E.: J. Physiol. Chem. **132**, 181 (1924).

9 KUNITZ, M., et J. H. NORTHROP: J. Gen. Physiol. **19**, 991 (1936).

10 KUNITZ, M., et J. H. NORTHROP: Science (Lancaster, Pa.) **78**, 558 (1933); J. Gen. Physiol. **18**, 433 (1935).

11 JACOBSEN, C. F.: C. r. Trav. Labor. Carlsberg Sér physiol. chim. **25**, 325 (1947).

12 SCHWERT, G. W.: J. of biol. Chem. **179**, 655 (1949).

13 SMITH, E. L., D. M. BROWN et M. LASKOWSKI: J. of biol. Chem. **191**, 639 (1951).

14 TIETZE, F., et H. NEURATH: Federation Proc. **10**, 259 (1951).

15 SCHWERT, G. W.: J. of biol. Chem. **190**, 799 (1951).

16 SCHWERT, G. W., et S. KAUFMAN: J. of biol. Chem. **190**, 807 (1951).

17 JANSEN, E. F., M. D. FELLOWS NUTTING, R. JANG et A. K. BALLS: J. of biol. Chem. **179**, 201 (1949).

18 NEURATH, H.: in Modern Trends in Physiology and Biochemistry. Academic Press New York 1952, p. 453.

19 BUTLER, J. A. V.: J. Amer. Chem. Soc. **63**, 2968 (1941).

20 SANGER, F.: Biochemic. J. **39**, 507 (1945).

21 EDMAN, P.: Acta chem. scand. **4**, 283 (1950).

22 FRAENKEL-CONRAT, H., et J. FRAENKEL-CONRAT: Acta chem. scand. **5**, 1409 (1951); Federat. Proc. **11**, 214 (1952).

23 DESNUELLE, P., M. ROVERY et C. FABRE: C. r. Acad. Sci. (Paris) **233**, 1496 (1951).

24 DESNUELLE, P., M. ROVERY et C. FABRE: Biochim. et Biophysica Acta **9**, 109 (1952).

25 ROVERY, M., C. FABRE et P. DESNUELLE: Biochim. et Biophysica Acta **9**, 702 (1952).

26 ROVERY, M., C. FABRE et P. DESNUELLE: Biochim. et Biophysica Acta **10**, 481 (1953).

27 WILLIAMSON, M. B., et J. M. PASSMANN: J. of Biol. Chem. **199**, 121 (1952).

28 GLADNER, J. A., et H. NEURATH: Biochim. et Biophysica Acta **9**, 335 (1952).

29 DAVIE, E. W., et H. NEURATH: J. Amer. Chem. Soc. **74**, 6305 (1952).

30 SANGER, F., et H. TUPPY: Biochemic. J. **49**, 463 (1951).

31 SANGER, F., et H. TUPPY: Biochemic. J. **49**, 481 (1951).

32 DESNUELLE, P., et A. CASAL: Biochim. et Biophysica Acta **2**, 64 (1948).

33 DESNUELLE, P., et G. BONJOUR: Biochim. et Biophysica Acta **7**, 451 (1951).

[34] Partridge, S. M., et H. F. Davis: Nature (Lond.) **165**, 62 (1950).

[35] Desnuelle, P., et G. Bonjour: Biochim. et Biophysica Acta **9**, 356 (1952).

[36] Anfinsen, C. B., M. Flavin et J. Farnsworth: Biochim. et Biophysica Acta **9**, 468 (1952).

[37] Bergmann, M., et J. S. Fruton: Adv. Enzymol. **1**, 63 (1941).

[38] Neurath, H., et C. W. Schwert: Chem. Rev. **46**, 69 (1950).

[39] Harington, C. R., et R. V. Pitt-Rivers: Biochemic. J. **38**, 417 (1944).

[40] Baker, L. E.: J. of Biol. Chem. **193**, 809 (1951).

[41] Dekker, C. A., S. P. Taylor and J. S. Fruton: J. of Biol. Chem. **180**, 155 (1949).

[42] Butler, J. A. V., E. C. Dodds, D. M. P. Phillips et J. M. L. Stephen: Biochemic. J. **44**, 224 (1949).

[43] Sanger, F., et E. O. P. Thompson: Biochemic. J. **53**, 366 (1953).

[44] Waldschmidt-Leitz, E., et S. Akabori: Z. Physiol. Chem. **228**, 224 (1934).

[45] Portis, R. A., et K. I. Altman: J. of Biol. Chem. **169**, 203 (1947).

[46] Katchalski, E., I. Grossfeld et M. Frankel: J. Amer. Chem. Soc. **69**, 2564 (1947).

[47] Desnuelle, P., M. Rovery et G. Bonjour: Biochim. et Biophysica Acta **5**, 116 (1950).

[48] Rovery, M., P. Desnuelle et G. Bonjour: Biochim. et Biophysica Acta **6**, 166 (1950).

## Diskussion.

**Ammon**(Homburg/Saar): Ich danke Ihnen sehr für Ihren schönen, übersichtlichen Vortrag, in dem Sie auch über eigene Ergebnisse berichten konnten und eröffne die Diskussion.

**Selig** (Wien): Ich wollte darauf aufmerksam machen, daß eine limitierte Proteolyse doch sehr häufig vorzukommen scheint, z. B. bei der Umwandlung des Fibrinogens in Fibrin. Arbeiten von Lorand zeigen, daß bei dieser Umwandlung ein Peptid vom Fibrinogen abgespalten wird. Das so veränderte Fibrinogen vernetzt sich dann zu Fibrin. Man kann diese Vernetzung durch Hexamethylenglykol hemmen. Ich wollte nur fragen, ob nicht die Aktivität des entstehenden Fermentes auch etwas mit der Polymerisierung bzw. der Dimerisierung zu tun hat.

**Desnuelle**: Nous connaissons actuellement trois exemples de protéolyses limitées: L'activation des endopeptidases dont il vient d'être question, la transformation fibrinogène-fibrine et aussi la formation de la plakalbumine à partir de l'ovalbumine, récemment étudiée dans le laboratoire de Linderstrøm-Lang. Il ne semble pas, d'autre part, que le dimère de la chymotrypsine puisse être plus actif que le monomère, sans quoi l'activité spécifique des solutions de chymotrypsine dépendrait de la concentration molaire. Comme ce fait n'a, à ma connaissance, jamais été constaté, je ne crois pas que la dimérisation puisse avoir quelque chose a faire avec l'activité.

**WALLENFELS** (Tutzing): Ich glaube, daß man auch beim Trypsin mit den mono- und dimeren Molekülen rechnen muß. Allgemein wird sein Molekulargewicht mit 34000 angegeben. Ich kenne aber eine Arbeit von BERGOLD und SCHRAMM, die für kristallisiertes Trypsin einen Wert von 17000 gemessen haben. Herr BERGOLD sagte mir damals, sein Präparat sei voll aktiv gewesen.

**DESNUELLE**: Je suis tout-a-fait d'accord avec vous. Les résultats que j'ai donnés dans le tableau concernant la trypsine sont calculés pour un poids moléculaire de 20000. C'est le poids moléculaire minimum que l'on peut calculer par des techniques chimiques. En particulier, quand on dose le phosphore dans la trypsine inactivée par le diisopropylfluorophosphate, on trouve un atome de phosphore pour 20700 g de protéine. Il est donc possible que le poids moléculaire du monomère de la trypsine soit 20000 environ.

**DECKER** (München): Wenn die Aktivität des Chymotrypsins bei der Dimerisierung gleich bleibt, so hätten wir ja ein Beispiel eines Ferments mit zwei unabhängigen Wirkgruppen.

**DESNUELLE**: On peut vraisemblablement considérer que les deux molécules du dimère agissent sur la plan enzymatique comme si elles étaient séparées. Les récents travaux d'E. SMITH confirment d'ailleurs cette manière de voir: La chymotrypsine inhibée par le diisopropylfluorophosphate (dans laquel le centre actif est probablement bloqué) se dimérise comme la chymotrypsine active. Pour que l'aptitude à la dimérisation disparaisse, il faut à la fois inhiber l'enzyme et modifier sa structure par oxydation.

**SELIG**: Ein weiteres Beispiel einer limitierten Proteolyse haben wir vor einiger Zeit gefunden: der Harn löst Fibringele bei einem $p_H$ von  ungefähr 7 auf. Dabei entstehen nur größere Spaltstücke, die von Trichloressigsäure noch gefällt werden. Der Harn verliert diese Fähigkeit, wenn zuvor Hyaluronsäure, z. B. in den Oberarm injiziert worden ist. Hyaluronsäure und ihre Spaltprodukte hemmen diese Wirkung, auch in vitro. Es handelt sich aber anscheinend nicht um ein trypsinartiges Ferment, sondern entweder um einen fermentartigen Aktivator oder um ein Ferment, das dem Plasmin sehr ähnlich ist.

**FELIX** (Frankfurt a. M.): Mich interessiert die Spezifität des Trypsins. Sie haben darauf hingewiesen, daß Bindungen gespalten werden, an denen Arginin mit der Carboxylgruppe an eine Monoaminosäure gebunden ist. Das paßt sehr gut zu den Ergebnissen unserer neuen Versuche mit Clupein. In ihm tritt das Arginin vorzugsweise in Tetrapeptiden auf. Zwischen ihnen stehen jeweils zwei Monoaminosäuren. Nach der Einwirkung von Trypsin scheinen die vier Argininreste meist beisammen zu bleiben und nur die Peptidbindungen mit den Monoaminosäuren gespalten zu werden.

**WERLE** (München): Es gibt eine ganze Reihe von solchen begrenzten Proteolysen, die zu pharmakologisch oder physiologisch hochaktiven Substanzen führen, die gleichzeitig auch proteolytisch wirken. Durch Enterokinase aktiviertes Trypsin spaltet aus einer pharmakologisch inaktiven Vorstufe das wirksame Kallikrein ab. Es handelt sich also um eine Peptidspaltung, und das entstehende Kallikrein ist proteolytisch wirksam. Weitere Beispiele sind das Renin und das Hypertensin, das Bradykinogen und Bradykinin. Jedesmal wird ein Peptid abgespalten, und es verbleibt ein definiertes, pharmakologisch aktives Produkt von geringerer Kettenlänge, das in absehbarer Zeit der Analyse — noch genauer der Bausteinanalyse — zugänglich sein wird.

Schmidt (Hamburg): Ich möchte Herrn Prof. Desnuelle fragen, ob er Pepsin auf das Eiweiß bei $p_H$ 3,8 hat einwirken lassen. Es soll mit dem Kathepsin zusammen noch eine Komponente vorkommen, die bei schwach saurer Reaktion optimal spaltet und bisher als Kathepsin bezeichnet worden ist. Es müßte also je nach dem $p_H$ zu verschiedenen Spaltprodukten kommen. Die Chromatogramme, die wir nach der Einwirkung von Pepsin bei 1,7 erhalten haben, unterscheiden sich von den bei 3,8 gewonnenen.

Desnuelle: Cette question est très intéressante car les peptides spécifiques de Bergmann sont hydrolysés par la pepsine à un $p_H$ différent du $p_H$ correspondant à l'activité optimum de l'enzyme sur les protéines. Il est donc possible que, quand le $p_H$ est différent, des liaisons différentes soient préférentiellement coupées. Nous n'avons opéré jusqu'ici avec la pepsine qu'a $p_H$ 1,8 et nous avons étudié les liaisons rompues grâce à la technique de Sanger. Le même travail pourrait évidemment être fait à d'autres $p_H$.

Schmidt: Wir haben das Trypsin bei verschiedenen $p_H$ (6,8 und 8,4) auf Eiweiß einwirken lassen und die gleichen Produkte erhalten.

Desnuelle: Je crois en effet qu'avec des molécules aussi complexes, la spécifité (chimique ou enzymatique) ne peut jamais être absolue. Cette spécifité d'ailleurs doit être d'autant plus nette que la structure de la protéine est plus simple. Ce sont probablement avec les protéines monopeptidiques (celles qui contiennent seulement une chaîne), que les meilleurs résultats seront obtenues. Néanmoins, on constatera toujours, semble-t-il, non une spécifité absolue, mais des hydrolyses préférentielles. Certaines liaisons s'hydrolysent simplement plus vite ou moins vite que les autres. Nous exprimons ce fait par l',,index de spécifité", qui est le rapport: Nb de liaisons rompues appartenant à un certain type Nb total des autres liaisons rompues.

# The Mode of Operation of Dehydrogenases with Special Reference to Alcohol Dehydrogenase.

By

ROGER BONNICHSEN.

*From the Biochemical Department of the Nobel Medical Institute, Stockholm.*


The colour change that takes place in solutions of hemoproteins when enzyme-substrate complexes are formed[1, 2, 3] or when the prosthetic group combines with the apoprotein[4, 5] has caused these enzyme complex formations to be eagerly studied. The spectral change that takes place at the same time made possible an intensive study of the reaction kinetics of these enzymes[6, 7].

Other enzymes such as flavoproteins also change colour and spectrum when the prosthetic group combines with the apoprotein, as shown by WARBURG and CHRISTIAN[8] for the old yellow enzyme and lately by MORELL[9] for xanthin oxidase. The bands are displaced towards a longer wavelength and the fluorescence disappears. KUHN and BOULANGER[10] studied the redox potential of the flavin (FMN) and found that the potential was changed when FMN combined with the protein. They concluded that the FMN was bound to the protein by means of the $> NH_2{}^3$ group in FMN; this would explain both the change in the redox potential and in the spectrum. Lately it has been demonstrated that p-chloromercuribenzoate (PCMB) inhibits the combination of FMN and protein in a competitive manner, indicating that the $> NH_2$ group combines with an SH group on the surface of the protein. As will be seen from the following, there seems to be much similarity between the FMN enzymes and the pyridine-nucloetide-linked enzymes.

Alcohol dehydrogenase (ADH)[14] belongs to the group of dehydrogenases which requires diphosphopyridine nucleotide (DPN) as prosthetic group. DPN exists in oxidized and reduced forms[15], and as in the case of the flavins, where the oxidation and reduction are assumed to go through intermediate semiquinoid radicals[11, 12, 13] and coloured intermediate compounds have been observed, an intermediate semiquinoid radical is assumed to be formed. This intermediate, monohydro DPN, is a strongly yellow coloured compound, most stable at an alkaline pH[16]. On reduction of DPN at pH 10 with alcohol dehydrogenase, some of the yellow-coloured intermediate also is formed and seems to be stable[17].

On addition of increasing amounts of ADH to a solution of DPNH, DPNH combines with the protein and the spectrum of DPNH at 340 m$\mu$ is shifted, the maximum now being at 325 m$\mu$ and at the same time the intensity is a little lower[18]. The extinction coefficient at 340 m$\mu$ of the free DPNH of 6.25 cm$^{-1}$mM$^{-1}$ is changed to 5.8 cm$^{-1}$mM$^{-1}$ at 325 m$\mu$[19]. This complex disappears immediately when a substrate as acetaldehyde is added.

The band at 260 m$\mu$ which is mainly due to the adenine part is also altered upon combination of DPNH with the enzyme; the absorption is lowered about 40%. The absorption of the enzyme makes accurate spectroscopic observations difficult in this region. Pure DPN would also be necessary, as adenine impurities usually found in DPN preparations would interfere.

The change of the spectrum of DPN shows that two molecules of DPNH combine with one molecule of ADH from pH 7 to 9; at pH 10 only about one DPN molecule combines. It is not known whether these two DPN molecules interact or have different dissociation constants.

The spectrum change at 340 m$\mu$ has recently been found also to take place when lactic dehydrogenase combines with DPNH[20]. It has not yet been possible to find conditions in vitro where this spectrum change takes place upon mixing ADH from yeast with DPNH.

Both in yeast and in bacteria, it has been demonstrated by direct spectroscopy that the DPNH spectrum shows varying degrees of a shift towards 325 m$\mu$[21, 22]. It is also likely that DPN can move freely inside the cell, as it recently has been demonstrated that DPN is synthesized in the nucleus to be distributed from there[23]. The protein-bound DPN is possibly closely linked to the cytochrome system, as the spectrum does not change under anaerobic conditions[22].

As are other known dehydrogenases and yeast ADH, the liver ADH is a white protein. The extinction at 280 m$\mu$ is 33.3 cm$^{-1}$mM$^{-1}$

that of the yeast enzyme about three times as high. Some of the physical properties of the two enzymes are given in table 1.

*Table 1.*

| ADH liver | ADH yeast |
|---|---|
| Molecular weight 73000 | about 140000 |
| Sedimentation constant 4.86 | 7.61[19] |
| Isoelectric point pH 7 | — |
| S 1.7% N 14.9% | S 1.2%. N 16.5%[33] |
| Ag. titrable groups of SH 7/mole | 22/mole[27] |
| Nitroprusside negative | positive |
| Turn-over number | |
|     pH 7 acetaldehyde 5400 |     pH 7.9 acetaldehyde 20000[33] |
|         alcohol     170 |         alcohol     12000 |

Figures of yeast ADH are calculated to a mol. weight of 140000.

It is most probable that the pyridine nucleus in DPN combines with an SH group on the surface of the enzyme[24]. Experiments with PCMB shows that ADH is inhibited and that the inhibition is competitive; the inhibition can partly be reversed by addition of gluthione.

On the addition of PCMB to the ADH-DPNH complex, the latter is immediately decomposed and the spectrum of free DPNH at 340 m$\mu$ appears[24].

Many other dehydrogenases have been demonstrated to be inhibited by PCMB[25, 26]. It is interesting that BARRON and LEVINE[27] in experiments with yeast ADH found that both DPN and substrate protected the enzyme against thiol inhibiting reagents.

A similar spectrum change has been observed by MEYERHOF, OHLMEYER and MÖHLE[28] on DPN models combining with cyanide or bisulfite, and recently by COLOWICK, KAPLAN and CIOTTI[29] on DPN. In both cases, however, it was the oxidized form of DPN that made the compound.

As seen in table 1, there are free titratable SH groups on the enzyme. On ADH, 7 SH groups are available. Only two would be necessary to bind the two DPN molecules, but so far no difference in the groups has been demonstrated.

DPN and DPNH probably combine with the same group or groups on the apoenzyme. In *in vitro* experiments they compete for the enzyme; and as DPNH is much more firmly bound to the enzyme, the reaction with alcohol is rapidly slowed down as reduced DPN is formed.

It is most probable that both the nicotinamide and the adenine moieties combine with the enzyme. It has been shown for several dehydrogenases that nicotinamid inhibits the enzymes and competes with DPN[30, 31]. Also adenine, adenosine and ATP have been demonstrated to inhibit DPN-linked dehydrogenases[32]. Some interesting experiments have been done with deaminated DPN by Kaplan and Colowick[32]. They studied the activity of various dehydrogenases using the deaminated DPN. The activity was found to be the same for ADH from liver but lower for ADH from yeast. For lactic dehydrogenase they found less activity with deaminated DPN but more activity for the opposite reaction with DPNH. This could be explained from the liver ADH kinetics (see page 155).

The equilibrium constant

$$K = \frac{\text{DPNH Acetaldehyde } H^+}{\text{DPN Ethanol}}$$

is $0.86 \cdot 10^{-11}$ with small amounts of enzyme, a value which is in good agreement with earlier determinations[33, 34] on yeast ADH. With addition of increasing amounts of enzyme, the equilibrium constant increases until all DPN is bound to the protein. At pH 7, K is increased about 200 times. At a higher pH, the effect is less and at pH 10 the effect is minimal. This is due to the fact that DPNH is bound much more firmly than DPN to the protein.

A similar change of the equilibrium constant has been found for lactic dehydrogenase[35].

As a consequence, the ratio alcohol/acetaldehyde at the state of equilibrium will be 60 instead of 10000 with small amounts of protein at pH 7. In this way the combustion of alcohol is greatly facilitated.

If the redox potential is calculated from the equilibrium constant obtained with large amount of the enzyme, this potential changes from —0.28 to —0.21, thus coming nearer to the potential of alcohol-acetaldehyde and thus facilitating the combustion of alcohol. From the curve of the redox potential it is seen that the reaction from pH 6 to about 8 involves one proton. From pH 8 to 10 the reaction involves two protons.

By means of a rapid spectroscopic method it has been possible to measure the speed with which the ADH-DPNH complexes are formed and decomposed[36]. In Table 2 a survey of these constants is given.

*Table 2.*

$$ADH + DPNH \overset{k_1}{\underset{k_2}{\rightleftharpoons}} ADH - DPNH$$

$$ADH - DPNH + \text{acetaldehyde} + H^+ \overset{k_4}{\longrightarrow} ADH - DPN^+ + \text{ethanol}$$

$$ADH - DPN^+ \overset{k_3}{\underset{k_5}{\longrightarrow}} ADH + DPN^+$$

$$k_1 = 4 \times 10^6 \ M^{-1} \times sec^{-1}$$
$$k_2 = 0.4 \ sec^{-1}$$
$$k_3 = 45 \ sec^{-1}$$
$$k_4 = 2 \times 10^5 \times M^{-1} \times sec^{-1}$$
$$k_5 = 2 \times 10^6 \times M^{-1} \times sec^{-1}$$

As is seen from the table DPN and DPNH combine with the enzyme with about the same speed but there is a great difference in the dissociation of the two complexes.

The speed of the decomposition of the DPN-ADH complex limits the reaction with acetaldehyde just as the decomposition of the DPNH-ADH complex limits the reaction velocity with alcohol as substrate.

As the complex decompositions are rate-limiting factors, the turn-over of different alcohols would be expected to be the same. This is also found experimentally though the affinity is very different for the different alcohols.

Aliphatic alcohols with the group $>C-CH_2-OH$ react with the ADH. Besides these alcohols vitamin A has also been found to be a substrate for ADH from liver[19, 37]; the yeast ADH does not react with the vitamin. No study has yet been carried out on the kinetics of ADH and vitamin A or retinene.

The kinetics of the ADH from liver are in agreement with observations of alcohol combustion *in vivo*. It is well known that the combustion of ethanol in man is independent of the alcohol concentration and that about 7 grams of alcohol are combusted per hour. The Michaelis constant for ethyl alcohol at pH 7.3 is about $10^{-4}$ M. The lowest amount of alcohol usually determined with any accuracy by WIDMARK's method, is $0.1^0/_{00}$ and this is more than 4 times the Michaelis constant, and the reaction must then be independent of the alcohol concentration.

The amount of ADH in human liver is not known. At pH 7.3 the turnover of alcohol is 140 moles per mole of ADH. The molecular weight being 73000, about 1.3 g ADH or less than $1^0/_{00}$ of a human liver would be necessary to account for the alcohol combustion. In a horse liver there is about 10 times this amount, so $1^0/_{00}$ does not seem unlikely.

## References.


[1] STERN, K. G.: J. of Biol. Chem. **114**, 473 (1936).

[2] KEILIN, D., and T. MANN: Proc. Roy. Soc. London **122**B, 119 (1936).

[3] CHANCE, B.: Acta chem. scand. (Copenh.) **1**, 236 (1947).

[4] THEORELL, H.: Arkiv. Kemi **14**B, No. 20 (1940).

[5] THEORELL, H., and A. MAEHLY: Acta chem. scand. (Copenh.) **4**, 422 (1950).

[6] CHANCE, B.: In The Enzymes, 2, Part 1 (J. B. SUMMER and K. MYRBÄCK ED.) Academic Press, Inc. New York, N. Y.

[7] CHANCE, B.: In Modern Trends in Biochemistry and Physiology., Academic Press, Inc. New York.

[8] WARBURG, O., and W. CHRISTIAN: Biochem. Z. **298**, 368 (1938).

[9] MORELL, D. B.: Biochemic. J. **51**, 657 (1952).

[10] KUHN, R., and P. BOULANGER: Ber. **69**, 1557 (1936).

[11] KUHN, R., and TH. WAGNER-JAUREGG: Ber. **67**, 361 (1934).

[12] MICHAELIS, L., M. P. SCHUBERT and C. V. SMYTHE: J. of Biol. Chem. **116**, 587 (1936).

[13] HAAS, E.: Biochem. Z. **290**, 291 (1937).

[14] BONNICHSEN, R.: Acta chem. scand. (Copenh.) **4**, 714 (1950).

[15] WARBURG, O., W. CHRISTIAN and A. GRIESE: Biochem. Z. **282**, 157 (1935).

[16] KARRER, P., and F. BENZ: Helvet. chim. Acta **19**, 1028 (1936).

[17] BONNICHSEN, R.: Acta chem. scand. (Copenh.) **4**, 715 (1950).

[18] BONNICHSEN, R., and H. THEORELL: See H. THEORELL, 8e Conseil de Chimie de l'Institut International de Solvay Bruxelles 1950, p. 398.

[19] THEORELL, H., and R. BONNICHSEN: Acta chem. scand. (Copenh.) **5**, 1105 (1951).

[20] CHANCE, B., and J. B. NEILANDS: J. of Biol. Chem. **199**, 373 (1952).

[21] CHANCE, B.: Federat. Proc. 11, No. 1 (1952).

[22] CHANCE, B.: Nature (Lond.) **169**, 215 (1952).

[23] HOGEBOOM, G. H., and W. C. SCHNEIDER: J. of Biol. Chem. **197**, 611 (1952).

[24] THEORELL, H., and R. BONNICHSEN: Acta chem. scand. (Copenh.) **5**, 329 (1951).

[25] KRIMSKY, J., and E. RACKER: J. of Biol. Chem. **198**, 721 (1952).

[26] RACKER, E., and J. KRIMSKY: J. of Biol. Chem. **198**, 731 (1952).

[27] BARRON, G. E. S., and SUMNER LEVINE: J. of Biol. Chem. **41**, 174 (1952).

[28] MEYERHOF, O., P. OHLMEYER and W. MÖHLE: Biochem. Z. **297**, 90 (1938).

[29] COLOWICK, S. P., N. O. KAPLAN and M. M. CIOTTI: J. of Biol. Chem. **191**, 447 (1951).

[30] FEIGELSON, P., J. N. WILLIAMS jr. and C. A. ELVEHJEM: J. of Biol. Chem. **189**, 361 (1951).

[31] ALIVASATOS, G. A. S., and O. F. DENSTEDT: J. of Biol. Chem. **199**, 493 (1952).

[32] MAYNARD, E., PULMAN, P. S. COLOWICK and N. O. KAPLAN: J. of Biol. Chem. **194**, 593 (1952).

[33] NEGELEIN, E., and H. J. WULFF: Biochem. Z. **293**, 351 (1937).

[34] RACKER, E.: J. of Biol. Chem. **184**, 313 (1952).

[35] NEILANDS, J. B.: J. of Biol. Chem. **199**, 373 (1952).

[36] THEORELL, H., and B. CHANCE: Acta chem. scand. (Copenh.) **5**, 1127 (1951).

[37] BLISS, A.: Biol. Bull. **97**, 221 (1949).

## Diskussion.

**LEHNARTZ** (Münster): Ich danke Herrn BONNICHSEN für sein schönes Referat über die Dehydrogenasen, das uns viel Neues von allgemeiner Bedeutung gelehrt hat.

**WALLENFELS**: Es ist auffallend, daß durch Hefe-ADH die Absorptionsspektren nicht nach 325 m$\mu$ verschoben werden, wie Sie es beim Leberferment beobachtet haben. Wahrscheinlich ist im Komplex des Hefeenzyms nur ein kleiner Teil des DPN gebunden, während beim Leberenzym das Gleichgewicht mehr auf Seiten der gebundenen DPN-Komponente liegt. Andererseits kann es aber auch sein, daß die einzelnen Alkoholdehydrasen das DPN in verschiedenen Resonanzformen binden. Beim Leberenzym z. B. würde eine Resonanzform vorliegen, die der Absorption bei 325 m$\mu$ entspricht, und beim Hefeenzym eine andere. Auf diesen Resonanzformen könnten die verschiedenen Aktivitäten dieser Enzyme beruhen. Bei der enzymatischen Reduktion des DPN wird eine andere mit Hefe-Alkoholdehydrase aktive Form gebildet als bei der Hydrosulfitreduktion. Man kann diese beiden durch Papierelektrophorese voneinander trennen und bekommt zwei Streifen, die bei 366 m$\mu$ absorbieren (wir haben mit 366 m$\mu$ kopiert) und die beide verschwinden, wenn man dann mit Acetaldehyd und ADH besprüht. Es wäre möglich, daß diese beiden Formen eben verschiedene Aktivität haben und daß so auch das verschiedene Spektrum von Hefe-und Leber-ADH zu erklären ist.

**BONNICHSEN**: I have not before heard of the two different forms of red. DPN, but it would be very interesting to try them both on the ADH from liver.

**WALLENFELS**: Die oxydierten Formen sind identisch.

**BONNICHSEN**: Oxidized DPN also combines with ADH. The band at 260 m$\mu$ is shifted and lowered about 40%.

**Holzer:** Sie haben gesagt, daß die Proteinkonzentration die Gleichgewichtskonstante verändert, nach Ihren Messungen bis um das Zweihundertfache. Es würde mich interessieren, welche Proteinkonzentrationen notwendig sind, um die Gleichgewichtskonstante meßbar zu verschieben. Herr Dr. Bücher meinte gestern im Zusammenhang mit meinen Messungen im Cytoplasma, daß hier so hohe Proteinkonzentrationen vorliegen, daß die Gleichgewichtskonstanten und damit all das, was in den stark verdünnten Enzymlösungen gemessen worden ist, nicht mehr gilt.

**Bonnichsen:** Yesterday Dr. Kühnau in his lecture told us that there was about twice as much DPN as DPN linked enzymes. In our in vitro experiments we need about equal amount of DPN and of enzyme to get a complete shift of the DPNH band. As pointed out, however, in yeast cells different degree of shift of the band was found.

**Lang:** Ich habe mir gerade die Konzentration der Triosephosphatdehydrogenase ausgerechnet; sie ist zu etwa $10^{-4}$ molar. Das würde dafür sprechen, daß hier noch keine starke Beeinflussung zu erwarten ist.

**Bücher:** Herr Dr. Bonnichsen hat gezeigt, daß das Redoxpotential des DPN gesenkt wird, wenn es sich mit der Alkoholdehydrase verbindet, und ich wäre ihm sehr dankbar, wenn er in kurzen Worten noch einmal auseinandersetzen könnte, wie er das im einzelnen gemessen und berechnet hat.

**Bonnichsen:** The redox potential was calculated from the equilibrium constant at different $p_H$ when an excess of enzyme was used. In other words when all the DPN was bound to protein. We measured this by adding increasing amount of enzyme to a given amount of DPN at each $p_H$ and followed the shift of the band at 340 m$\mu$.

**Wallenfels:** Herr Dr. Bonnichsen, haben Sie die Zahlen für die Hefe-Alkoholdehydrase aus den Arbeiten von Negelein entnommen?

**Bonnichsen:** The figures given are those of Negelein and Wulff but corrected to a molecular weight of 140000 of the protein.

**Wallenfels:** Wir konnten aus Hefe eine Alkoholdehydrogenase darstellen, die ungefähr siebenfach so aktiv war wie das Negelein-Ferment und die von Racker dargestellten Präparate. In diesem Zusammenhang sei noch auf eine Untersuchung von Möbus in Chicago hingewiesen. Er hat DPN mit schwerem Alkohol deuteriert. Wenn nun dieses Deutero-DPN wieder fermentativ reoxydiert wird, so geht der ganze Deuteriumgehalt auf den Acceptor, Acetaldehyd oder Brenztraubensäure, über, und es entsteht ein deuteriumfreies oxydiertes DPN. Außerdem hat er chemisch mit Hydrosulfit in schwerem Wasser reduziert und dann auch 1 g-Atom Deuterium in das reduzierte DPN bekommen. Dieses gab aber bei der enzymatischen Reoxydation mit Milchsäuredehydrase und Brenztraubensäure nur die Hälfte seines Deuteriums ab. Das reoxydierte DPN enthielt noch ein halbes Gramm-Atom Deuterium. Das spricht meiner Ansicht nach dafür, wie Sie auch sagten, daß das Molekül DPN an mindestens zwei Stellen fixiert werden muß. Möbus erklärt es so, daß diese beiden Formen wohl Isomeren entsprechen, in denen die beiden Kohlenstoffatome rechts oder links vom Stickstoff deuteriert sind. Mir scheint die Annahme plausibler, daß es eine Art optischer Aktivität in diesen deuterierten DPNs gibt, indem das Deuterium am Pyridinring einmal nach vorn und das andere Mal nach hinten steht. Bei der enzymatischen Reduktion entsteht nur die eine Form, weil nach der Fixation des DPN am Eiweiß das Deuterium an der Außenfläche angesetzt wird. Wenn Sie chemisch reduzieren, dann wird sowohl vorn als auch hinten angesetzt und nur die eine Form des DPN-H wird so fixiert, daß das Deuterium nach außen steht und bei der enzymatischen Reoxydation wieder abgegeben werden kann. Es gibt, wie mir scheint, einen ganz guten Einblick in die Art der Fixation des DPN an das Eiweiß.

**BONNICHSEN**: I would just like to ask how you measure the activity of the yeast enzyme. We have found it difficult to get accurate readings as the reaction of the enzyme is so fast, and when we use less than one gamma of protein, we get a rapid inactivation. As I understand, your preparation is even more rapid.

**WALLENFELS**: Wir haben die Geschwindigkeiten in der gleichen Weise gemessen wie NEGELEIN und WULFF und auch nach der von RACKER beschriebenen Methode.

# Gruppenübertragung im Bereich der Carbohydrasen.

Von

KURT WALLENFELS.

*Aus dem biochemischen Laboratorium Tutzing der C. F. Boehringer & Söhne G. m. b. H., Mannheim.*

Mit 1 Textabbildung.

## Einleitung.

Nachdem die Fermentchemie in der vergangenen Zeit sich vornehmlich mit dem Mechanismus des enzymatischen Abbaus der Naturstoffe befaßt hat, ist sie nunmehr in das Stadium eingetreten, in welchem die Fragestellung heißt: auf welche Weise und mittels welcher Enzyme werden die mannigfaltigen natürlichen organischen Verbindungen durch die lebende Zelle bei Mikroorganismen, Pflanzen und Tieren aufgebaut? Im gesamten lebenden Bereich sind es relativ wenige Atomgruppierungen, deren variable Zusammenfügung zu größeren Einheiten die Verschiedenartigkeit der Eigenschaften und Wirkungen der natürlichen organischen Verbindungen ausmacht. Die Vielfalt der verschiedenen in der Natur vorkommenden Eiweißstoffe wird durch die Zahl der 23 verschiedenen sie aufbauenden Aminosäuren bei gleicher Verknüpfungsweise durch die Peptidbindung ermöglicht. Die mindestens ebenso große Vielfalt verschiedenartiger Kohlenhydrate wird bei sehr viel geringerer Zahl verschiedener Bausteine durch die unterschiedliche Verknüpfungsweise dieser Bausteine bedingt. Während sich aus zwei Molekülen derselben Aminosäuren nur ein Dipeptid aufbauen läßt, gibt es in der Natur z. B. mindestens sieben verschiedene Disaccharide, die nur aus D-Glucose bestehen. Den Enzymen, welche für diese vielfältige, aber spezifische Verknüpfungsweise der Monosaccharidreste in den Oligo- und Polysacchariden verantwortlich sind, kommt daher eine ganz besondere Bedeutung zu. Bei der mengenmäßig alle anderen Naturstoffe weit überragenden Bedeutung, welche die Kohlenhydrate haben, ist es erstaunlich, wie gering unsere Kenntnisse über den chemischen Ablauf und die spezifische Steuerung gerade dieses letzten Schrittes der Synthese dieser Verbindungen sind, des Schrittes, der schließlich über Eigenschaften und Natur der sich aus Monosacchariden aufbauenden Naturstoffe entscheidet. Die Versuche von CALVIN und BENSON[1] über den Weg, den der Kohlenstoff der assimilierten Kohlensäure bei der Photosynthese der Pflanzen nimmt, haben gezeigt, daß die ersten Zuckerverbindungen, welche gebildet werden, die bekannten Glucose- und Fructosephosphate sowie das Disaccharid Saccharose sind. Ich möchte im folgenden zeigen, daß es in vitro gelingt, durch enzymatische Übertragung von Monosaccharidresten aus diesen primären Zuckern — Phosphorsäureestern und Disacchariden — eine große Vielfalt weiterer Zuckerverbindungen aufzubauen.

## 1. Umwandlung von Disacchariden durch Transglykosidierung.

### a) Saccharose.

Ende 1950 wurde gleichzeitig aus zwei englischen Laboratorien berichtet[2, 3], daß die papierchromatographische Analyse eines partiellen Hydrolysates von Saccharose mittels Hefe-Invertase außer den erwarteten durch hydrolytische Spaltung entstandenen Monosacchariden Glucose und Fructose und dem Substrat Saccharose noch eine Anzahl weiterer durch Synthese gebildeter Oligosaccharide zeigt. Dieses Ergebnis wurde in verschiedenen anderen Laboratorien bestätigt[4] und die gleiche synthetisierende Wirkung konnte auch für Invertasen anderer Ursprungs vor allem diejenige der Schimmelpilze[5] nachgewiesen werden. Der Mechanismus der enzymatischen Spaltung von Saccharose mit dem Hefe- und Schimmelpilzenzym wurde vor allem von BACON[6] aufgeklärt. Es konnte gezeigt werden, daß das Enzym aus dem Dissaccharid den Fructoserest auf verschiedene Acceptoren überträgt, wobei eine Reihe von Di-, Tri- und Tetrasacchariden entsteht. Das Hauptprodukt der Synthese ist das Übertragungsprodukt von Fructose auf Saccharose, welches jedoch schnell wieder abgebaut wird unter Bildung weiterer Syntheseprodukte, die durch die Übertragung des Fructoserestes auf dieses Trisaccharid selbst, ferner auf Glucose und Fructose erklärbar sind. Auch der enzymatische Abbau der Tri- und Tetrasaccharide führt zur Bildung neuer Oligosaccharide. Es ist bemerkenswert, daß sich die Saccharase von Aspergillus orycae auf Grund dieser eingehenden Studien als *Fructo*saccharase und nicht als *Gluco*saccharase, wie man früher annahm, erwiesen hat. Das Ausmaß, in welchem verschiedene Schimmelpilzarten Syntheseprodukte neben den Produkten der Hydrolyse zu bilden vermögen, ist verschieden. So zeigen Extrakte aus Penicillin ein wesentlich höheres Synthesevermögen als verschiedene Aspergillusarten.

Einen grundsätzlich anderen Typus eines saccharosespaltenden Enzyms stellt die Honigsaccharase dar. Dieses Enzym, welches dem Honigmagen und dem Darm der Bienen entstammt, stellt nach Untersuchungen von Prof. Duspiva und eigenen Versuchen, die wir mit Präparaten vorgenommen haben, welche uns Herr Prof. Duspiva zur Verfügung gestellt hat, ein kompliziertes Gemisch verschiedener Enzyme dar. Es ist sicher, daß die Biene in den Honigmagen eine Glucosidase absondert, die auch im Honig enthalten ist, welche die Glucose aus der Saccharose abspaltet und auf geeignete Acceptoren überträgt. Das primäre Produkt dieser Reaktion ist die Glucosidosaccharose, die von White[7] als Maltosyl-$\beta$-D-fructofuranosid gekennzeichnet werden konnte. Der vom Enzym übertragene Glucoserest wird also in diesem Falle am Glucoseende der Saccharose in 1,4-Bindung wieder verknüpft. Das Enzymgemisch des Bienendarms ist, wie wir gesehen haben, ebenfalls in der Lage, dieses fructosehaltige Trisaccharid zu bilden. Daneben wird in erheblicher Menge ein Disaccharid gebildet, welches nur aus Glucose besteht und sich im Chromatogramm wie Maltose verhält. Das neue Disaccharid, das als Übertragungsprodukt von Glucose aus Saccharose auf die im Hydrolysat in erheblicher Menge vorhandene freie Glucose zu betrachten ist, kann jedoch keine Maltose sein, da Spaltungsversuche mit dem in kleiner Menge isolierten Zucker gezeigt haben, daß es wohl durch Säurehydrolyse in zwei Moleküle Glucose zerfällt, gegenüber der Maltase von Schimmelpilzen jedoch resistent ist. Außer diesem Syntheseprodukt zeigt das Chromatogramm noch weitere Oligosaccharide, welche sich ausschließlich aus Glucose aufbauen, die auf Grund ihres Verhaltens im Papierchromatogramm als weitere Di-, ferner als Tri- und Tetrasaccharide zu betrachten sind. Nach noch nicht abgeschlossenen Versuchen zeichnet sich das Enzymgemisch des Bienendarms ferner durch das Vermögen aus, Glucose zu einem Disaccharid zu vereinigen. Es hat somit eine Eigenschaft in ausgeprägtem Maße, welche für Emulsin schon lange bekannt ist[8]. Das synthetisierte Disaccharid, das wir in kleiner Menge und chromatographisch reiner Form isolieren konnten, hat alle Eigenschaften von Isomaltose.

### b) Maltose.

Das erste Syntheseprodukt, welches durch Gruppenübertragung mittels eines aus Schimmelpilzen gewonnenen Enzympräparates entsteht, das in der Literatur beschrieben wurde, ist die 6-(Glucopyranosyl)-maltose, die von PAN[9] in kristallisiertem Zustand erhalten wurde. Dieses von WOLFROM[10] mit dem Namen *Panose* bezeichnete Trisaccharid besteht aus drei Glucoseresten, die durch eine 1,6- und eine 1,4-Bindung miteinander verknüpft sind. Panose ist das Produkt der Glucoseübertragung aus Maltose auf Maltose selbst, wobei der übertragene Glucoserest an der endständigen Hydroxylgruppe der Maltose angehängt wird. Sie kann auch durch 1,4-Verknüpfung der Glucose mit Isomaltose entstehen. Die Maltosespaltung mit Maltase aus Schimmelpilzen wurde von DEXTER FRENCH[11] einer genauen Analyse unterzogen, wobei als weitere Syntheseprodukte außer der schon genannten Panose die Isomaltose (6-Glucosylglucose), Dextrantriose (6-Glucosylisomaltose) und 4-Glucosyldextrantriose identifiziert wurden. Auf Grund dieser Feststellungen kommt FRENCH zu der Ansicht, daß das Schimmelpilzenzym, die 1,4-verknüpfte Glucose aus Maltose abhängt und in 1,6-Verknüpfung an verschiedene Acceptoren, als welche Glucose, Isomaltose und Panose fungieren, wieder anhängt. Wir haben im Tutzinger Laboratorium die Maltosespaltung einer eingehenden Untersuchung unterzogen und festgestellt, daß das primäre Syntheseprodukt, welches bei sehr kurzen Spaltungszeiten in erheblicher Konzentration im Hydrolysat enthalten ist, weder die Panose noch die Isomaltose ist. Das primäre Produkt der Glucoseübertragung aus Maltose ist die aus Stärke- und Glykogenhydrolysaten bekannte Maltotriose (4-Glucosidomaltose). Da die Maltotriose durch die Maltase sehr schnell und leicht gespalten wird, verschwindet sie alsbald aus dem Hydrolysat, und man findet nur noch die schwerer spaltbaren Syntheseprodukte, vor allem Panose und Isomaltose. Die Maltotriose als Syntheseprodukt der Maltose verdient m. E. besondere Beachtung, da sie im Gegensatz zu Maltose bereits als „Primer" für die phosphorylatische Stärkesynthese aus Cori-Ester

geeignet ist. Von den durch die Schimmelpilzenzyme syntheti-
sierten Oligosacchariden wird die Isomaltose, die durch die Glucoseübertragung auf Glucose gebildet wird, bei weitem am schwersten
gespalten. Sie reichert sich daher im Hydrolysat im Laufe der
Inkubation mehr und mehr an und stellt, wenn die Spaltung
beendet ist, einen wesentlichen Teil der Restzucker dar. Die
schon vielfach beobachtete Tatsache, daß man bei der enzymatischen Maltosespaltung mit Hefe oder Schimmelpilzenzym nicht
zu dem erwarteten Endwert der Spaltung gelangt, erklärt sich
so zwanglos. Wenn auf Grund von Reduktionswertbestimmungen
die Spaltung stehen bleibt, so ist, wie wir festgestellt haben, vom
ursprünglichen Substrat nichts mehr vorhanden, sondern die
gesamte Maltose im wesentlichen in Glucose und Isomaltose
übergegangen.

Ein erheblich anderes Verhalten zeigt die Maltase des Säuge-
tierdarmes. Wir haben die Darmschleimhaut von Kälbern und
Pferden fraktioniert und Maltasefraktionen erhalten, mit welchen
Spaltungsversuche angestellt wurden. Es ergibt sich, daß die
Säugetierenzyme nicht zur 1,6-Verknüpfung des übertragenen
Glucoserestes befähigt sind. Das Hauptsyntheseprodukt stellt
bei diesen Enzymen die Maltotriose dar, welche wesentlich langsamer gespalten wird als Maltose und somit auch bei länger
laufenden Spaltungen noch in beachtlicher Konzentration auftritt.

### c) Lactose.

Am eingehendsten wurde von uns die Lactosespaltung untersucht. Es wurde dabei die Kinetik der Spaltung von Lactose
mit vier verschiedenen $\beta$-Galaktosidasen verfolgt. Als Enzym-
präparate wurden benützt: 1. Eine gereinigte Fraktion aus
*Aspergillus alleaceus*, 2. der Darmsaft von *Helix pomatia*, 3. ein
gereinigtes Enzympräparat einer auf Lactosespaltung adaptierten
Mutante von *Escherichia coli* und 4. eine gereinigte Fraktion des
Kälberdarms. Es wurden Proben vom Gesamtverlauf der Spaltung entnommen, die Spaltungs- und Syntheseprodukte papier-
chromatographisch getrennt und die Mengen der einzelnen
Zucker bestimmt. Das Ergebnis dieser Untersuchungen ist, daß
alle vier Enzyme ein gutes Spaltungsvermögen für das Substrat
Lactose besitzen, aus dem sie sämtlich den Galaktoserest übertragen. In bezug auf Art und Menge des durch Verknüpfung des

übertragenen Galaktoserestes mit dem Acceptor gebildeten Syntheseproduktes unterscheiden sie sich jedoch erheblich. Ein weiterer Unterschied im Spaltungsverlauf wird durch Spezifitätsunterschiede gegenüber den primär gebildeten Synthesezuckern bedingt. Die Pilzlactase ist charakterisiert durch eine hohe Affinität in der Übertragungsreaktion für den Acceptor Lactose und eine etwas geringere Affinität für die Acceptoren Glucose und Galaktose. Die Aktivität in der Spaltungsreaktion ist für Lactose und Lactotriose etwa gleich hoch, geringer für Lactobiose und Galaktobiose. Auch das Helixenzym hat in der Übertragungsreaktion die größte Affinität zum Acceptor Lactose, spaltet jedoch Galaktobiose relativ wenig und Lactobiose in keinem nennenswerten Umfang. Das Colienzym bildet Lactotriose in sehr untergeordneten Mengen, weil es eine überragende Affinität für Glucose als Acceptor besitzt. Es spaltet die Syntheseprodukte gut. Auch das Kälberdarmenzym überträgt wie das Colienzym in weit überragendem Maße den Galaktoserest auf Glucose. Das Übertragungsprodukt ist jedoch ein anderes als das, welches durch die Galaktoseübertragung beim Colienzym, Pilz- und Helixenzym auf den Acceptor Glucose gebildet wird. Diese zweite Lactobiose wird lediglich vom Helixenzym, neben der ersten jedoch in untergeordneter Menge, synthetisiert.

Am Beispiel der Pilzlactase wurde die Frage eingehend geprüft, ob die Synthese der neuen Oligosaccharide durch das hydrolysierende Enzym selbst oder durch ein davon verschiedenes, das als Transgalaktosidase zu bezeichnen wäre, bewirkt wird. Wir haben zu diesem Zwecke mehr als 30 verschiedene, durch verschiedene Fraktionierungsmaßnahmen aus dem rohen Extrakt der Schimmelpilzkulturen erhaltene Präparate in bezug auf beide Wirkungen — Hydrolyse und Synthese — verglichen. Wenn man in einem Koordinatensystem auf der Abszisse die prozentuale Hydrolyse, die unter bestimmten Bedingungen erreicht wird und aus der Menge der im Hydrolysat enthaltenen Monosaccharide berechnet werden kann, aufträgt und auf der Ordinate die Summe der dabei gleichzeitig gebideten Syntheseprodukte in Prozent vom Gesamtsubstrat einsetzt, so erhält man die in Abb. 1 dargestellte Kurve. Es zeigt sich, daß die Menge der Syntheseprodukte bis zum Spaltungsgrad 40% zunimmt, bei den aktiveren Präparaten, die in der gegebenen Zeit eine weiter gehende Spaltung bewirken, jedoch wieder abnimmt. Untersucht man nun ein einzelnes Präparat, indem man die Hydrolysendauer steigert, so sieht man genau den gleichen Verlauf.

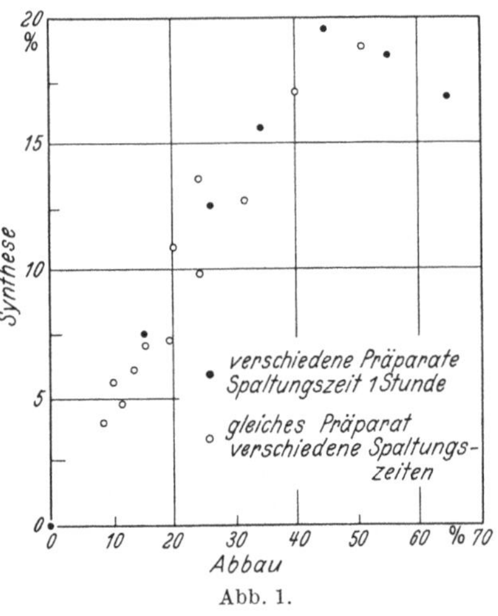



Abb. 1.

Es zeigt sich also, daß man durch verschiedenste Fraktionierungsmaßnahmen, wie Alkohol- und Acetonfällung, Ammonsulfatfällung bei verschiedenem $p_H$ und Nucleinsäurefällung keinerlei Trennung von Synthese- und Hydrolysewirkung erzielen kann. Wir sind daher sicher, daß die Galaktoseübertragung eine die $\beta$-Galaktosidasen charakterisierende Eigenschaft ist. Die geschilderten Eigenschaften der vier $\beta$-Galaktosidasen sind in Tab. 1 zusammengestellt.

Einen weiteren Einblick in den Reaktionsmechanismus erhält man durch Hemmversuche, die ich am Beispiel des Colienzyms schildern möchte.

Tabelle 1. *Eigenschaften der 4-Galaktosidasen.*

| | übertragene Gruppe | Acceptor-spezifität | spaltet | bildet |
|---|---|---|---|---|
| Pilz | Galaktose | Lactose $^{++++}$ | Lactose $^{++++}$ | Lactotriose $^{++++}$ |
| | | Glucose $^{++}$ | Di I $^{+}$ | Di I $^{++}$ |
| | | Galaktose $^{+}$ | Di II $^{+}$ | Di II $^{+}$ |
| | | | Triose $^{++}$ | Di III $\ominus$ |
| Helix | Galaktose | Lactose $^{++}$ | Lactose $^{+++}$ | Lactotriose $^{++}$ |
| | | Glucose $^{++++}$ | Di I $\ominus$ | Di I $^{+++}$ |
| | | Galaktose $^{++}$ | Di II $\ominus$ | Di II $^{++}$ |
| | | | | Di III $^{+}$ |
| E. coli | Galaktose | Lactose $^{+}$ | Lactose $^{++++}$ | Lactotriose $^{+}$ |
| | | Glucose $^{++++}$ | Lactotriose $^{++}$ | Di I $^{++++}$ |
| | | Galaktose $^{++}$ | Di II $^{++}$ | Di II $^{++}$ |
| | | | Di II $^{++}$ | Di III $\ominus$ |
| | | | Di III $\ominus$ | |
| Kälberdarm | Galaktose | Lactose $^{+}$ | Lactose $^{++++}$ | Lactotriose $^{+}$ |
| | | Glucose $^{+++}$ | Di I $\ominus$ | Di I $^{+}$ |
| | | Galaktose $^{++}$ | Di II $\ominus$ | Di II $^{++}$ |
| | | | Di III $\ominus$ | Di III $^{+++}$ |

Tab. 2 zeigt die Konstanten der Reaktion 1. Ordnung, berechnet auf Grund der Geschwindigkeit, mit welcher Lactose verschwindet. Spalte 1 enthält die Reaktionskonstanten für die Spaltung einer 4%igen Lactoselösung, Spalte 2 die Konstanten für die gleiche Lactosekonzentration bei Zusatz von 10% Galaktose und Spalte 3 bei Zusatz von 10% Glucose. Man sieht, daß nur die Glucose eine wesentliche Hemmung des Lactoseabbaus bewirkt, während die Galaktose keinen Einfluß auf die Geschwindigkeit des Lactoseabbaus

$$\text{Tabelle 2. } \textit{Lactosespaltung durch Coli-Enzym } \frac{l}{t} \, lg \, \frac{a}{a-x}.$$

| Zeit in Min. | Lactose 4% | Lactose 4%<br>Galaktose 10% | Lactose 4%<br>Glucose 10% |
|---|---|---|---|
| 5 | 0,0510 | 0,0510 | 0,0186 |
| 15 | 0,0371 | 0,0371 | 0,0125 |
| 30 | 0,0286 | 0,0317 | 0,0135 |

hat. Die Syntheseprodukte sind unter diesen Bedingungen sehr verschieden. Der Zusatz von Glucose bewirkt, daß nahezu ausschließlich Lactobiose synthetisiert wird, während bei Zusatz von Galaktose die Galaktobiose das weit überragende Syntheseprodukt darstellt. Auf Grund dieser Messungen können wir nun die fermentative Spaltung der Lactose folgendermaßen formulieren:

$$\text{Galaktose — o-Glucose} + \text{Enzym .. H} \rightleftharpoons \text{Galaktose .. Enzym} + \text{Glucose} \tag{1}$$

$$\text{Galaktose .. Enzym} + \text{ROH} \longrightarrow \text{Galaktose — o — R} + \text{Enzym .. H} \tag{2}$$

$$R = H'$$
Glucosyl-
Lactosyl-
Galaktosyl- usw.

Es ist besonders darauf hinzuweisen, daß Reaktion 1 des Schemas eine reversible ist, was mir aus dem Versuch mit Glucosezusatz hervorzugehen scheint. Wird das Reaktionsprodukt auf der rechten Seite des Gleichgewichtes künstlich vermehrt, so wird das Gleichgewicht nach links verschoben, d. h. die Spaltung gehemmt. Die zweite Reaktion, bei welcher die Galaktose-Enzym-Verbindung mit verschiedenen Acceptoren ROH reagiert, scheint weitgehend irreversibel zu sein, vor allem, wenn R = H' ist, d. h., wenn die Galaktosyl-Enzym-Verbindung hydrolysiert wird.

Bei dieser Betrachtungsweise der disaccharidspaltenden Hydrolasen bedarf es zur Charakterisierung der Natur eines Enzyms nicht nur der Feststellung der Spezifität für das zu spaltende Substrat, sondern auch der Affinität der in der Primärreaktion gebildeten Monosaccharid-Enzym-Verbindung zu den verschiedenen möglichen Acceptoren ROH, welche mit der Enzymverbindung in Reaktion treten und je nach der Natur des Restes R dieselbe in freies Monosaccharid (R = H), Disaccharid (R = Monosaccharid-), Trisaccharid (R = Disaccharid-), Tetrasaccharid (R = Trisaccharid) usw. umwandeln. Der Vergleich der verschiedenen Lactasen und Maltasen hat gezeigt, daß sich die Enzyme nicht nur in dem Ausmaß unterscheiden, in welchem Hydrolyse- und Syntheseprodukte entstehen, sondern auch darin, welche Bindungen sie vorzugsweise knüpfen.

## 2. Dextransucrase, Laevansucrase, Amylomaltase.

Bei dieser Betrachtungsweise der altbekannten Hydrolasen besteht in ihrer Wirkungsweise kein prinzipieller Unterschied zu den erst in neuerer Zeit entdeckten polysaccharidsynthetisierenden Enzymen Dextransucrase, Laevansucrase, Amylomaltase. Wegen ihrer großen technischen Bedeutung ist von diesen Enzymen die Dextransucrase verschiedener Bakterien am eingehendsten untersucht worden. Die Dextransynthese verläuft nach folgender Gleichung:

$$\text{n Saccharose} \longrightarrow \text{(Dextrose)}_n + \text{n Fructose}$$

Diese Gleichung entspricht ebensowenig den tatsächlichen Verhältnissen wie die frühere Hydrolyse-Gleichung den wirklichen Verhältnissen bei der enzymatischen Hydrolyse eines Disaccharids entsprach. In Wirklichkeit entsteht nämlich auch bei der Dextransynthese je nach benütztem Enzym eine größere oder kleinere Menge freier Glucose. Wir können daher auch in diesem Falle die für die Hydrolyse charakteristische zweistufige Reaktion annehmen. Der Unterschied zwischen den vorwiegend hydrolysierenden und vorwiegend synthetisierenden Enzymen beruht auf der verschiedenen Acceptoraffinität in der zweiten Reaktion. Wir sahen bei den Hydrolasen, daß die Enzyme außer den durch Hydrolyse gebildeten beiden Monosacchariden noch Di-, Tri- und Tetrasaccharide und in geringem Maße evtl. noch höhere Oligosaccharide zu bilden vermögen. Tritt die Affinität zu dem Acceptor Wasser nun noch weiter zurück und steigt die Affinität zu den Zuckern als Acceptoren mit steigender Kettenlänge an, so ergibt sich von selbst, daß die hydrolytische Zerlegung des Disaccharids in den Hintergrund tritt und daß durch Übertragung des Monosaccharidrestes auf die primär gebildeten Oligosaccharide eine stetige Verlängerung der Kette eintreten muß, d. h., eine Kondensation zu hochmolekularen Verbindungen. Wir sahen bei den verschiedenen Saccharasen, daß es je nach Organismus solche gibt, welche den Fructoserest aus der Saccharose übertragen, und andere, welche den Glucoserest übertragen. Dieselben Verhältnisse sehen wir bei den polysaccharidsynthetisierenden Sucrasen. Je nach Bakterienstamm wird, wie geschildert, die Glucose übertragen und zu Dextran kondensiert, wobei die Fructose in Freiheit gesetzt wird, oder es wird die Fructose übertragen und zum Laevan kondensiert und die freie Glucose wird übrig gelassen. Noch in einer weiteren Beziehung finden wir gleiche Verhältnisse: Wir sahen bei den verschiedenen lactosespaltenden Enzymen, welche sämtlich den Galaktoserest übertragen und entsprechende Syntheseprodukte bilden, eine genetische Verschiedenheit in bezug auf die Art der Bindung, in welcher die übertragene Galaktose mit den Acceptoren verknüpft wird. Durch Übertragung des Galaktoserestes aus Lactose auf Glucose wird durch das Schimmelpilzenzym, das Colienzym und das Helixenzym die mit Lactose isomere Lactobiose I gebildet. Sie ist gekennzeichnet durch den $R_f$-Wert im Papierchromatogramm, welcher niedriger liegt als derjenige von Lactose. Daneben wird durch das Helixenzym und in weit überwiegendem Maße durch das Kälberdarmenzym die Lactobiose II gebildet, die im Chromatogramm schneller läuft als Lactose. Da Lactose das reduzierende Disaccharid mit 1,4-Verknüpfung ist, kommt für die beiden Lactobiosen eine andere Verknüpfung, wahrscheinlich 1,5 und 1,3 in Frage. In gleicher Weise wie die verschiedenen lactaseliefernden Organismen unterscheiden sich auch die verschiedenen Dextransucrase liefernden Bakterien in bezug auf die Bindung, in welcher sie die übertragenen Glucosegruppen mit den Acceptoren verknüpfen. Man kennt eine Gruppe von Dextranbildnern, welche Dextran liefern, das unverzweigte Ketten von 1,6-verknüpften Glucopyranoseeinheiten darstellt. Eine andere

Gruppe von Bakterien liefert stark verzweigte Dextrane, in welchen kurze 1,6-verknüpfte Ketten durch 1,4-Verzweigungen verbunden sind. Vor kurzem wurde von S. A. Barker, E.J.Bourne, G. T. Bruce und M. Stacey[12] ein Dextrantyp beschrieben, welcher durch die Anwesenheit von 1,3-Bindungen charakterisiert ist.

Wir konnten zeigen, daß die Maltase der Schimmelpilze den Glucoserest aus der Maltose in 1,4-Bindung an Maltose hängt, wobei Maltotriose entsteht. Dasselbe Enzym verknüpft daneben die übertragene Glucose in 1,6-Bindung und synthetisiert Isomaltose und Panose. Entsprechende Synthesen in bezug auf die Bildung hochpolymerer Produkte vermag ein Enzym aus Colibakterien auszuführen. Das Reaktionsprodukt ist eine verzweigte Stärke, also ein Syntheseprodukt mit 1,6- und 1,4-Bindung. Das Enzym wird auf Grund seiner niedrigen Affinität zum Acceptor Wasser nicht als Hydrolase sondern als Amylomaltase bezeichnet.

### 3. Q-Enzym.

Ein weiteres Beispiel für ein gruppenübertragendes Enzym aus der Reihe der Carbohydrasen ist das Q-Enzym. In diesem Falle ist das Substrat nicht ein Disaccharid, sondern ein hochpolymeres Kohlenhydrat, die Amylose. Die Amylose ist bekanntlich charakterisiert durch die vorzugsweise Verknüpfung der Glucosereste zu Ketten mit 1,4-Bindungen. Das Q-Enzym vermag diese Bindungen in der Amylose teilweise zu spalten und kurze Ketten zu übertragen, welche sie in vorzugsweise 1,6-Bindung wieder verknüpft.

### 4. Phosphorylasen.

Das gleiche zuckerresteübertragende Prinzip liegt der Wirkung der Phosphorylasen zugrunde. Von diesen kennen wir gleich wie im Bereich der geschilderten, die Glykosidbindung spaltenden Enzyme, solche, die auf Disaccharide und solche, die auf Polysaccharide spezifisch eingestellt sind. Die bekannteste disaccharidspaltende Phosphorylase ist die von Doudoroff, Barker und Hassid[13] zuerst beschriebene Sucrosephosphorylase, welche Saccharose unter Übertragung des Glucoserestes auf Phosphorsäure spaltet. Die Affinität für den Acceptor Phosphorsäure in der Übertragungsreaktion ist in diesem Falle ebensowenig ausschließlich wie bei den Hydrolasen die Affinität für den Acceptor

Wasser. Es gelingt auch hier, den durch das Enzym vom Disaccharid abgehängten Glucoserest durch andere Acceptoren als Phosphorsäure abzufangen. Als solche wurden L-Sorbose, L-Arabinose und D-Xyloketose benützt, so daß die entsprechenden Disaccharide durch Gruppenübertragung aus Saccharose synthetisiert werden können. Während bei den zuerst geschilderten Hydrolasen Phosphorsäure als Acceptor ungeeignet ist, scheint bei diesen Phosphorylasen die Affinität zum Acceptor Wasser völlig in den Hintergrund zu treten.

Ein weiterer Unterschied gegenüber den Hydrolasen besteht insofern, als die durch Gruppenübertragung gebildeten Phosphorsäureester die in der ursprünglichen Disaccharidbindung enthaltene Bindungsenergie in der Phosphatesterbindung weitgehend erhalten haben, während bei Affinität zum Acceptor Wasser im Laufe der Spaltung des ursprünglichen Substrates und auch weiterhin bei Spaltung der sekundär gebildeten Syntheseprodukte die in diesen Syntheseprodukten enthaltene Bindungsenergie schließlich durch Hydrolyse verloren geht. Infolgedessen ist im Falle der saccharidspaltenden Hydrolasen die zweite Reaktion im allgemeinen nicht reversibel, während bei den Phosphorylasen die zweite Reaktion völlig reversibel ist. Man kann infolgedessen mit ihnen durch Spaltung von Phosphatestern in der Rückreaktion Saccharidbindungen synthetisieren. Auch in diesem Falle wird aus dem Substrat der Monosaccharidrest vom Enzym abgehängt und auf einen Acceptor, als welcher nunmehr ein anderes Monosaccharid in Reaktion tritt, übertragen, wobei ein Disaccharid gebildet wird.

Außer der genannten Sucrosephosphorylase wurde inzwischen auch ein ganz entsprechendes Enzym beschrieben, welches Maltose nach dem gleichen Prinzip spaltet bzw. aus Cori-Ester synthetisiert[14].

Im hochmolekularen Bereich finden wir dieselben Verhältnisse, wobei nicht Monosaccharide als Acceptoren für den aus Phosphatestern vom Enzym übernommenen Glucoserest dienen, sondern höhere Oligo- und Polysaccharide. Die Möglichkeit, bei diesen Enzymen als Acceptor in Reaktion treten zu können, beginnt bei dem Trisaccharid Maltotriose. Mit Verlängerung der Kette des Acceptorsaccharides nimmt die Affinität weiter zu, so daß bei Einwirkung dieser Phosphorylasen auf Cori-Ester in Gegenwart von geeigneten Acceptoren schließlich hochmolekulare Kondensationsprodukte d. h. Glykogen bzw. Stärke synthetisiert werden. Die gleichen Phosphorylasen vermögen die hochmolekularen Substrate umgekehrt durch Übertragung auf einzelne Monosaccharidreste aus den Kettenenden auf Phosphorsäure zu Cori-Ester abzubauen. Nach welchem Mechanismus die in der Natur weitverbreiteten polymeren Fructosane aufgebaut werden, ist bis heute völlig unbekannt.

## 5. N-Glykosidasen.

Zu den biologisch wichtigsten in der Natur vorkommenden Glykosiden gehören die Riboside und Deoxyriboside von Purin- und Pyrimidinbasen. Der Nachweis, daß es sich bei den ribosidspaltenden Enzymen um Phosphorylasen handelt, welche den Riboserest aus dem N-Glykosid auf Phosphorsäure übertragen und umgekehrt, wurde durch eine Reihe hervorragender Arbeiten von Kalckar[15] erbracht. In jüngster Zeit wurde von Macnutt und Kalckar[16] gezeigt, daß Enzyme aus bestimmten Bakterien in Abwesenheit von Phosphorsäure in der Lage sind, den Deoxyriboserest von Deoxyribosiden auf andere Purine und Pyrimidine zu übertragen. Es gelingt auf diese Weise Uracil-Deoxyribosid durch Transglykosidierung in Thymin-Deoxyribosid, Cytosin-Deoxyribosid bzw. 5-Methyl-Cytosin-Deoxyribosid umzuwandeln. Aus Pyrimidin-Deoxyribosid konnte durch die gleiche enzymatische Reaktion mit Adenin, Guanin, Hypoxanthin und anderen Purinen als Acceptoren Deoxy-Adenosin, -Guanosin usw. hergestellt werden.

Als weitere Reaktion möchte ich die Riboseübertragung nennen, welche von der DPN-ase bewirkt wird, einem Enzym, welches aus Rindermilz von Zatman, Kaplan und Colowick[17] gewonnen wurde und das auch in Hirnhomogenaten enthalten ist. Dieses Enzym ist durch Nicotinamid in hohem Maße hemmbar. Die Autoren konnten zeigen, daß die Wirkungsweise der DPN-ase derjenigen der disaccharidspaltenden Hydrolasen völlig entspricht, indem auch hier eine zweistufige Reaktion

$$\text{ARPPR}\overset{+}{\text{N}} + \text{Enzym} \rightleftharpoons \text{ARPPR-Enzym} + \overset{+}{\text{N}}$$
$$\downarrow \text{H}_2\text{O}$$
$$\text{ARPPR} + \text{Enzym} + \text{H}^+$$

vorliegt.

## 6. $\beta$-Glykoside.

Transglykosidierungen aus $\beta$-Glykosiden wurden schon 1935 von RABATÉ[18] beschrieben. Bei diesen Versuchen wurde die Glucosylgruppe von Phenolen auf primäre Alkohole durch die $\beta$-Glucosidase von Salix purpurea übertragen. Eigene Versuche mit Helix-Enzym haben gezeigt, daß bei der Spaltung von Cellobiose eine intensive Synthese von Di- und höheren Sacchariden stattfindet.

## Schluß.

Wenn man versucht, für die geschilderten enzymatischen Prozesse ein gemeinsames chemisches Prinzip zu postulieren, so kommt man zu dem Ergebnis, daß die alle diese Reaktionen charakterisierende Enzym-Monosaccharid-Verbindung, welche als Zwischenstufe vorliegen muß, folgende Eigenschaften besitzen muß: 1. Die Bindungsenergie der Glykosidbindung des Substrates muß in der Zwischenverbindung konserviert sein. 2. Die wahrscheinlichste Formulierung ist daher eine echte Hauptvalenzverbindung. 3. In allen Fällen wird durch das Enzym eine Bindung zwischen einer Aldehydgruppe im Substrat, welche disaccharidisch, polysaccharidisch, N-glykosidisch oder ein Phosphorsäureacetal sein kann, gelöst und eine neue Verbindung dieser Aldehydgruppe geknüpft. Es ist daher anzunehmen, daß auch die Monosaccharid-Enzym-Verbindung auf einer Reaktion zwischen einer aktiven Gruppe im Enzym und der potentiellen Aldehydgruppe des Monosaccharidrestes beruht. 4. Hemmversuche zeigen, daß die aktive Gruppe des Enzyms, welche mit der Aldehydgruppe in Reaktion tritt, vermutlich keine SH-Gruppe ist. Die leichte Bildungsweise von N-Glykosiden spricht dafür, daß die aktiven Gruppen des Enzyms bestimmte Aminogruppen sind, sodaß wir als chemische Konstitution der wichtigen Zwischenverbindung diejenige eines N-Glykosides, einer SCHIFFschen Base bzw. einer aldehyd-ammoniakartigen Verbindung annehmen.

## Literatur.


[1] BENSON, A. A., and M. CALVIN: Ann. Rev. Plant. Physiol. 1, 25 (1950).

[2] BACON, J. S. D., and J. EDELMAN: Arch. Biochem. Biophys. 28, 467 (1950).

[3] BLANCHARD, P. H. and N. ALBON: Arch. Biochem. Biophys. 29, 220 (1950).

[4] FISCHER, E. H., L. KOHTHES u. J. FELLIG: Helvet. chim. Acta **34**, 1132 (1951).
WHITE, L. M., and G. SECOR: Arch. Biochem. Biophys. **36**, 490 (1952).
[5] WALLENFELS, K.: Naturwiss. **38**, 306 (1951).
WALLENFELS, K., u. E. BERNT: Angew. Chem. **64**, 28 (1952).
[6] BEALING, F. J., and J. S. D. BACON: Biochemic. J. **53**, 277 (1953).
[7] WHITE, J. W., and J. MAHER: J. Amer. Chem. Soc. **75**, 1259 (1953).
[8] CROFT-HILL, A.: J. Chem. Soc. **1898**, 634.
PEAT, S., W. J. WHELAN and H. H. HINSON: Nature (Lond.) **170**, 1056 (1952).
[9] PAN, S. C., L. W. NICHOLSON and P. KOLACHOW: J. Amer. Chem. Soc. **73**, 2547 (1951).
[10] WOLFROM, M. L., A. THOMPSON and T. T. GALKOWSKI: J. Amer. Chem. Soc. **72**, 4093 (1951).
[11] PAZUR, J., and D. FRENCH: J. of Biol. Chem. **196**, 265 (1952).
[12] BARKER, S. A., E. J. BOURNE, G. T. BRUCE and M. STACEY: Chemistry and Industry **1952**, 1156.
[13] DOUDOROFF, M., H. A. BARKER and W. Z. HASSID: J. of Biol. Chem. **168**, 725 (1947).
[14] FITTING, CH., and M. DOUDOROFF: J. of Biol. Chem. **199**, 153 (1952).
[15] KALCKAR, H. M.: Biol. Chem. **167**, 477 (1947).
[16] MACNUTT, W. S.: Biochemic. J. **50**, 384 (1952).
[17] ZATMAN, L. J., N. O. KAPLAN and S. P. COLOWICK: J. of Biol. Chem. **200**, 197 (1953).
[18] RABATÉ, M. J.: Bull. Soc. Chim. biol. **17**, 572 (1935).

## Diskussion.

HOFFMANN-OSTENHOF (Wien): Von den interessanten Ausführungen von Herrn WALLENFELS scheint mir besonders der Gesichtspunkt wichtig, daß es sich bei den Hydrolasen um Fermente handelt, die nicht nur hydrolytische sondern auch synthetische Wirkungen vollbringen können. Auf diese Weise sehen wir jetzt eine mögliche biologische Rolle dieser seit fast einem Jahrhundert bekannten Fermente. Nach der Aufstellung des Katalysebegriffs von OSTWALD um die Jahrhundertwende sind schon verschiedene Versuche gemacht worden, eine synthetisierende Wirkung dieser Hydrolasen direkt zu beweisen. Ich erinnere an den Versuch von CROFT HILL, der mit Maltase unter extremen Bedingungen eine Synthese eines Disaccharids erzielte, welches er für Maltose hielt. Später hat sich aber herausgestellt, daß es Isomaltose war. Es konnte gezeigt werden, daß es unter Gleichgewichtsbedingungen kaum wahrscheinlich ist, daß eine direkte Umkehr der hydrolysierenden Wirkung von Hydrolasen zustande kommt. Jetzt haben wir hier einen Ausweg für die biologische Rolle dieser Hydrolasen. Im einzelnen möchte ich fragen: Können Sie mir die Literaturstelle nennen, nach welcher Dextransucrase eine Affinität zu Wasser hat? Ich glaube nicht, daß in den Arbeiten von HEHRE da etwas zu finden ist.

WALLENFELS: Nein, da ist nichts zu finden, aber bei der Beschreibung der Produktion von Dextran findet man, daß in dem Rest des Substrates am Ende des Syntheseprozesses eine beträchtliche Menge freier Glucose vorkommt.

HOFFMANN-OSTENHOF: Es ist auch möglich, daß neben dem dextransynthetisierenden auch ein hydrolysierendes Ferment beim technischen Prozeß wirksam ist. Die reine Dextransucrase zeigt die hydrolysierende Wirkung nicht.

WALLENFELS: Ich glaube nicht, daß die Bilanzen 100%ig stimmen.

HOFFMANN-OSTENHOF: Ich möchte die Hydrolasen als übertragende Enzyme definieren, die imstande sind, Gruppen ihres Substrates auf Wasser oder andere Acceptoren zu übertragen, während die normale Transferase nicht die Übertragung auf Wasser katalysieren kann sondern nur auf spezifische Acceptoren. Sind Sie damit einverstanden?

WALLENFELS: Ich glaube nicht, daß es notwendig ist, zwei Gruppen zu unterscheiden, sondern es gibt einen fließenden Übergang. Sie finden, wenn man Saccharase aus Penizillien mit Saccharose inkubiert, 50%ige Umwandlung des Substrats in Syntheseprodukte, während mit Enzymen aus Aspergillen etwa 25% Syntheseprodukte gebildet werden. Es gibt sicher Organismen, wo die Synthese noch weiter zurücktritt und auf der anderen Seite solche, die noch mehr synthetisieren als die Penizillien. Ich zweifle nicht daran, daß man besonders günstige Bakterienarten findet, wo die Hydrolyse gegenüber der Dextranbildung vollkommen in den Hintergrund tritt. Anmerkung bei der Korrektur: FORSYTH und WEBLEY, J. Gen. Microbiol. 4, 87 (1950) berichteten, daß bei Einwirkung von gereinigter Dextransucrase auf Saccharose eine geringe Menge Glucose gebildet wird, die etwa der hydrolytischen Spaltung von 3% des Substrats entspricht. Bei der Laevansynthese durch Laevansucrase wird für jedes Mol Substrat, das in Laevan und Aldose umgewandelt wird, ein Mol zu Fructose und Glucose hydrolysiert. HESTRIN, S., and AVINERI-SHAPIRO, S., Nature 152, 49 (1943), Biochem. J. 38, 2 (1944).

DUSPIVA (Heidelberg): Unter den Blattläusen gibt es einige Arten, die mittels ihres Stechrüssels Siebröhrensaft aus Pflanzen saugen. Dieser enthält sehr viel Saccharose und daneben Glucose. Da Siebröhrensaft sehr arm an stickstoffhaltigen Substanzen ist, muß sehr viel des Saftes aufgenommen werden, um den Bedarf für das Wachstum zu decken. Die aufgenommene Kohlenhydratmenge ist dann größer, als verdaut werden kann und wird als sogenannter Honigtau unverdaut ausgeschieden. Durch Auslegen von Objektträgern in eine Blattlauskolonie haben wir nativen Honigtau gesammelt. Die Papierchromatogramme des Honigtaus sehen genau so aus wie die, die Herr WALLENFELS von dem Spaltungsprodukt der Saccharose mit Bienendarmferment gezeigt hat. Außer Fructose und Saccharose kommen 2—3 fructosehaltige Oligosaccharide vor. Ferner ein nur aus Glucose zusammengesetztes Disaccharid, das ähnliche Eigenschaften zeigt wie Maltose, aber keine Maltose sein kann. Die Blattläuse besitzen in ihrem Darm eine starke Trehalase, obwohl im Siebröhrensaft keine Trehalose vorkommt; ferner eine Saccharose. Extrakte aus den Därmen dieser 1—2 mm großen Tiere liefern beim Umsetzen mit Saccharose die gleichen Transglucosidierungsprodukte, die Herr WALLENFELS vorher beschrieben hat. Die Produkte stimmen mit den Zuckern des Honigtaus überein. Es scheint daher, daß der Honigtau nichts anderes ist als die Spaltungsprodukte und Transglukosidierungsprodukte von Saccharose. Nebenbei sei erwähnt, daß der Honigtau vor allem von Lachnus picea, die im Schwarzwald häufig vorkommt, den Waldhonig liefert, so daß diesem Transglukosidierungsprodukt gewissermaßen auch eine wirtschaftliche Bedeutung zukommt.

KÜHNAU (Hamburg): Man findet in der Milch neben der Lactose diese merkwürdigen noch wenig studierten anderen Oligosaccharide, Gynolactose und Allolactose. Sind das vielleicht sekundäre Umwandlungsprodukte der Milchzuckerspaltung?

WALLENFELS: Ja, ich könnte mir gut denken daß Gynolactose und Allolactose auf diesem Wege gebildet werden. Die Lactasen sind ebenso wie die Maltasen nicht in der Lage, das Substrat aus den Monosacchariden in Rückreaktion zu synthetisieren.

FELIX (Frankfurt a. M.): Sie haben von den Diastasen und ähnlichen Polyasen nichts erzählt; übertragen die nur auf Wasser?

WALLENFELS: Das ist schwierig zu beantworten. Ich stelle mir persönlich vor, daß auch die Amylasen eine Umwandlung von Zuekerresten vornehmen und gleichzeitig eine Reaktion mit Wasser stattfindet. Das Endprodukt ist dann das sogenannte Grenzdextrin. Dieses würde dann der bei der Disaccharidspaltung gebildeten Isomaltose entsprechen. Leider sind jedoch die präparativen Möglichkeiten für die Trennung von dextrinartigen Produkten noch viel geringer als im Bereich der niedermolekularen Zucker, so daß ich noch keine Möglichkeit sehe, die Frage experimentell zu untersuchen.

HOLZER (München): Ist das Ausmaß der Transglukosidierung gegenüber der Hydrolyse von der Konzentration des Substrates abhängig? Vermutlich verschiebt sich das Ausmaß beim Übergang zu niedereren Zuckerkonzentrationen zugunsten der Hydrolyse.

WALLENFELS: Das nehme ich auch an. Wir haben jedoch innerhalb der Konzentrationsgrenzen, die wir untersucht haben (2—15% Lactose), mit den papierchromatographischen Methoden keinen signifikanten Unterschied feststellen können. Man muß wohl sehr extreme Konzentrationsveränderungen vornehmen, um bei der dimensional größeren Affinität zu den Acceptoren von Saccharidcharakter einen solchen Effekt beobachten zu können.

SELIG: Hat man schon versucht, Aminozucker als Acceptoren bei Transglukosidierungen zu benützen?

WALLENFELS: Ja, wir haben Acetylglucosamin als Acceptor für Galaktose benützt und auf diese Weise ein Galaktosido-N-acetylglucosamin synthetisiert.